BIBLIOTHÈQUE SCIENTIFIQUE CONTEMPORAINE

Les Ancêtres

DE

NOS ANIMAUX

DANS LES TEMPS GÉOLOGIQUES

Les Ancêtres

DE

NOS ANIMAUX

DANS LES TEMPS GÉOLOGIQUES

PAR

Albert GAUDRY

MEMBRE DE L'INSTITUT

PROFESSEUR DE PALÉONTOLOGIE AU MUSEUM D'HISTOIRE NATURELLE

Avec 49 figures intercalées dans le texte

PARIS

LIBRAIRIE J.-B. BAILLIÈRE ET FILS

RUE HAUTEFEUILLE, 19, PRÈS DU BOULEVARD SAINT-GERMAIN

1888

La galerie de paléontologie du Muséum d'histoire naturelle de Paris. (Voir p. 266.)

AVANT-PROPOS

Outre mes principaux ouvrages, j'ai fait paraître
dans divers recueils des articles où j'ai exposé
mes idées sur les origines et les développements
du monde animal, pendant les temps géologiques.

Les Éditeurs de la *Bibliothèque scientifique contemporaine* ont pensé qu'il serait intéressant de
réunir quelques-uns d'entre eux, et d'y joindre
les résumés de mes ouvrages sur Pikermi et sur
le Léberon que peu de personnes peuvent se
procurer, en raison de leur étendue et de leur
rareté.

AVANT-PROPOS

Outre mes principaux ouvrages, j'ai fait paraître dans divers recueils des articles où j'ai exposé mes idées sur les origines et les développements du monde animal, pendant les temps géologiques.

Les Éditeurs de la *Bibliothèque scientifique contemporaine* ont pensé qu'il serait intéressant de réunir quelques-uns d'entre eux, et d'y joindre les résumés de mes ouvrages sur Pikermi et sur le Léberon que peu de personnes peuvent se procurer, en raison de leur étendue et de leur rareté.

Un de mes élèves, M. Marcellin Boule, agrégé des sciences naturelles, a bien voulu se charger de coordonner ces travaux : je le remercie du soin et du talent avec lequel il s'est acquitté d'une tâche qui n'était pas sans difficulté.

Albert GAUDRY.

15 octobre 1887.

TABLE DES MATIÈRES

FIN DE LA TABLE DES MATIÈRES

TABLE DES FIGURES

FIN DE LA TABLE DES FIGURES

Ancêtres de nos Animaux

DANS LES TEMPS GÉOLOGIQUES

I

HISTOIRE DES PROGRÈS DE LA PALÉONTOLOGIE

Les sciences naturelles prennent dans notre siècle un développement dont sont frappés tous les esprits philosophiques. L'horizon qu'elles dominent s'étend chaque jour sous la double influence de la géographie et de la géologie. Pour juger les races humaines, les animaux, les plantes, les phénomènes du monde physique, nous ne sommes plus confinés dans les champs étroits de l'Europe; grâce aux travaux des voyageurs, nous embrassons une vaste partie du monde. Nous obtenons par la géologie des résultats plus admirables encore, nous remontons au delà des temps où l'Homme fut créé. Nous ne connais-

LES

I

sons plus seulement les êtres qui furent nos contemporains, nous trouvons dans les couches du globe les dépouilles d'un nombre illimité de plantes et d'animaux: une branche spéciale de la géologie a pour objet l'étude de ces débris fossiles, c'est la *paléontologie*.

On sait aujourd'hui que les animaux et les végétaux fossiles sont les représentants des générations qui se sont succédé à la surface du globe avant l'apparition de l'Homme. On parvient même à distinguer dans l'histoire du monde plusieurs époques qui ont été caractérisées par des êtres spéciaux. Embrasser par la pensée l'immensité des âges, assister aux premières manifestations de la vie, voir des générations entières tour à tour paraître et s'éteindre, voilà une sphère nouvelle pour les naturalistes et les philosophes.

— L'antiquité a eu de très vagues notions sur la paléontologie. Dans les temps modernes, l'abbé Giraud Soulavy l'a entrevue; mais c'est surtout Georges Cuvier qui en a été le fondateur. En effet, avant lui, la géologie était déjà constituée; on savait que l'écorce du globe est composée de terrains divers, et que dans plusieurs de ces terrains on trouve des ossements de Mammifères, des dents de Poissons, des coquilles de Mollusques, des empreintes de plantes, etc. Ces fossiles étaient regardés comme très anciens, car on voyait qu'ils étaient pétrifiés, et l'on jugeait bien que le changement d'un végétal ou d'un animal en un minéral ne peut s'opérer promptement;

puis, on avait remarqué que souvent les roches fossilifères sont recouvertes par de puissantes couches dont le dépôt a dû exiger un temps très long; mais, si grande que fût l'antiquité attribuée aux êtres des temps géologiques, on n'avait pas la preuve qu'ils fussent différents des êtres actuels.

Cuvier entreprit de fournir cette preuve. Il comprit que pour arriver à une opinion définitive, il était nécessaire d'étudier d'abord les animaux vivants; voici, par exemple, un *Palæotherium* : avant de savoir si ce fossile diffère du Tapir, il faut connaître le Tapir. Cuvier pensa aussi qu'il devait s'attacher à l'examen des gros Quadrupèdes; car on pouvait lui objecter que les coquilles fossiles de formes inconnues ont leurs pareilles encore cachées dans les profondeurs des océans; mais on n'oserait prétendre que, si des bêtes gigantesques comme le Mastodonte vivent encore, elles ont échappé à l'attention des voyageurs. Cuvier forma donc la collection d'ostéologie du Muséum, et quand il eut examiné à fond les êtres actuels, il se mit à l'étude des êtres fossiles; alors il constata qu'ils offraient des différences, que, par exemple, le *Palæotherium* ressemblait par quelques points au Tapir, mais s'en distinguait à d'autres égards; il vit que l'*Anoplotherium* s'éloignait encore plus des types vivants: les démonstrations furent si nettes que le doute cessa d'être possible.

Ces révélations de Cuvier firent une grande impression, non seulement dans le monde savant, mais dans la public. On apprit avec quelque fierté que si l'Homme est impuissant à lire dans l'avenir, du moins il saura lire dans le passé; en effet, dans ce XIXᵉ siècle, si fécond en admirables inventions, ce n'est pas une des découvertes les moins inattendues et les moins saisissantes que celle de cette science au moyen de laquelle on refait l'histoire des êtres qui ont précédé la venue de l'Homme sur la terre.

Assurément, j'exposerai dans ce livre des idées bien différentes de celles de Cuvier, car cet illustre naturaliste croyait à la fixité des espèces, et aujourd'hui les travaux des paléontologistes tendent à nous faire penser que les espèces sont des modes transitoires de types qui, sous la direction du divin Ouvrier, poursuivent leur évolution à travers l'immensité des âges. Mais cette différence d'opinion ne saurait nous faire cesser d'admirer l'homme qui a le premier tracé la route où nous marchons; c'est un devoir de reconnaissance de saluer la mémoire du fondateur de notre science; saluons-la donc de grand cœur, comme le souvenir d'une gloire française; et, s'il nous arrive de cueillir quelques doux fruits à l'arbre de la science paléontologique, n'oublions pas que cet arbre, c'est Georges Cuvier qui l'a planté.

Je viens de rappeler que la première phase de la paléontologie a consisté à prouver qu'avant l'époque actuelle, il y eut une époque caractérisée par des êtres spéciaux. Dans la seconde phase du développement de cette science, les paléontologistes ont eu pour but de montrer que les temps géologiques se partagent en un grand nombre d'époques, ayant chacune leur faune particulière.

Déjà Cuvier avait cru que les Vertébrés fossiles se rapportent à des âges différents :

Age du Mammouth ;
Age du *Palæotherium ;*
Age des grands Reptiles.

Mais vers le même temps, Smith en Angleterre, et Alexandre Brongniart en France avaient scruté les terrains riches en coquilles fossiles, et avaient reconnu que les animaux ont été renouvelés un plus grand nombre de fois que ne l'avait pensé Cuvier.

A mesure que la science se développa, on vit s'accentuer de plus en plus la croyance à la multiplicité des époques d'apparition de faunes. Alcide d'Orbigny surtout formula hardiment la théorie de la succession des êtres. Il supposa qu'il y avait eu vingt-sept époques d'apparition ; il fit le relevé de tous les animaux Mollusques et Rayonnés connus de son temps à l'état fossile ; il en compta dix-huit mille qu'il répartit entre les vingt-sept étages suivants :

TERRAINS TERTIAIRES. . . .

Subapennin, étage étudié d'abord au pied des versants de l'Apennin.
Falunien, étage des faluns (nom donné au sable coquillier dans la Touraine).
Parisien, étage de Paris.
Suessonien, étage de Soissons (*Suessones*).

CRÉTACÉ. . .

Danien, étage de Faxoé dans le Danemark (*Dania*).
Sénonien, étage de Sens (*Senones*).
Turonien, étage de Tours (*Turones*).
Cénomanien, étage du Mans (*Cenomanum*).
Albien, étage développé sur les bords de l'Aube (*Alba*).
Aptien, étage d'Apt (*Apta Julia*).
Néocomien, étage de Neuchâtel en Suisse (*Neocomum*).

TERRAINS SECONDAIRES.

JURASSIQUE. .

Portlandien, étage de l'île de Portland, au sud de l'Angleterre.
Kimméridgien, étage de Kimmeridge, dans le sud de l'Angleterre.
Corallien, étage des Coraux.
Oxfordien, étage d'Oxford.
Callovien. étage de Kelloway (*Callovium*).
Bathonien, étage de Bath.
Bajocien, étage de Bayeux (*Bajocæ*).
Toarcien, étage de Thouars (*Toarcium*), dans les Deux-Sèvres.
Liasien, étage moyen du lias (le nom de lias est donné par les carriers du sud de l'Angleterre à une roche argileuse noirâtre).
Sinémurien, étage de Semur (*Sinemurus*), dans la Côte-d'Or.

TRIASIQUE.

Saliférien, étage du sel (*sal, fero*).
Conchylien, Muschelkalk des Allemands.
Permien, étage du gouvernement de Perm, en Russie.

TERRAINS PRIMAIRES. . . .

Carbonifère, étage du charbon.
Dévonien, étage du comté de Devon, dans le sud de l'Angleterre.
Silurien, étage du pays des Silures.

On a reproché à d'Orbigny son idée des vingt-sept apparitions successives ; cependant cette idée était un réel progrès sur les anciennes opinions et un grand acheminement vers les opinions actuelles; si, en effet, on admet vingt-sept époques d'apparitions, pourquoi ne pas en admettre cent, pourquoi ne pas en admettre mille, et de là à la théorie de la création continue, il n'y a qu'un pas. Je ne peux, sans un mouvement de sympathie mêlé de tristesse, penser à d'Orbigny qui fut mon premier maître en paléontologie; malgré d'immenses ouvrages, il a eu beaucoup de peine à faire comprendre sa valeur scientifique, et la mort est venue nous le ravir au moment où ses mérites commençaient à être reconnus; nul ne peut nier qu'il ait été un des principaux promoteurs de la paléontologie française.

D'Orbigny lui-même a montré quelle serait l'irrésistible conséquence de la multiplication des époques d'apparition, car il a subdivisé cinq époques en deux, ce qui, en ajoutant l'époque actuelle, fait en réalité trente-trois apparitions.

Ce chiffre était tout à fait insuffisant, comme vont le prouver quelques exemples:

Barrande a étudié le terrain silurien de Bohême et l'a séparé en six; or, ne croyez pas que ce chiffre six veuille dire que, dans la pensée de l'auteur, de nouveaux êtres ont surgi seulement six fois pendant l'époque du silurien; loin de là, Barrande a reconnu pendant l'époque de la seconde faune cinq moments marqués par la venue d'espèces distinctes.

Je prends maintenant un exemple dans l'époque secondaire : d'Orbigny avait scindé le lias en trois ; M. Ramsay, un des meilleurs géologues anglais, l'a partagé en onze horizons caractérisés chacun par l'apparition de nouvelles espèces. Dumortier, dans l'ouvrage qu'il a publié sur la vallée du Rhône, a séparé le lias en neuf étages, en ajoutant la remarque suivante : « Ces différentes zones, que je ne fais pas plus nombreuses afin de ne pas multiplier les subdivisions, montrent cependant elles-mêmes pour la plupart plusieurs niveaux différents, qui se retrouvent avec une grande régularité de superposition partout où le lias a été étudié avec soin. » En vérité, on ne peut proclamer plus nettement la multiplicité des apparitions successives d'espèces.

Le bassin tertiaire de Paris a été étudié par des hommes très habiles : Lavoisier, Coupé, Cuvier et Brongniart, d'Omalius-d'Halloy, Dufrénoy et Élie de Beaumont, Constant Prévost, de Sénarmont, d'Archiac, Charles d'Orbigny, Delesse, Collomb, M. Raulin, M. Hébert, etc. Ces naturalistes ont disséqué le sol parisien avec autant de talent qu'aucun anatomiste n'en met à disséquer un corps animal. Deshayes a utilisé ces travaux en séparant couches par couches les coquilles fossiles qu'il a décrites ; il a rapporté les formes tertiaires de nos environs à quatre époques :

Epoque des sables supérieurs ;

Époque des sables moyens;
Époque du calcaire grossier;
Époque des sables inférieurs.

Or, Deshayes a admis que des formes nouvelles ont apparu quatre fois pendant l'époque des sables inférieurs, trois fois pendant celle du calcaire grossier, trois fois pendant celle des sables moyens, deux fois pendant celle des sables supérieurs. Mais il n'est question ici que des espèces marines; il faut ajouter au minimum six apparitions pour les êtres terrestres ou lacustres qui ont alterné avec les êtres marins; soit un total de dix-huit apparitions.

Enfin, empruntons un exemple parmi les travaux faits sur les plantes fossiles. M. de Saporta a étudié dans le midi de la France une toute petite portion des temps géologiques, et il voit cette petite portion se partager en cinq époques caractérisées chacune par une flore particulière:

Flore de Manosque (Basses-Alpes);
Flore d'Armissan (Aude);
Flore de Marseille;
Flore de Saint-Zacharie (Var);
Flore d'Aix (Bouches-du-Rhône).

Supposons que les renouvellements d'espèces aient eu

lieu suivant la même proportion pendant l'immensité des temps géologiques, à quel chiffre faudra-t-il en évaluer le nombre?

En résumé, lorsqu'on cherche à se rendre compte des tendances actuelles de notre science, on tire de son examen les deux conclusions principales que voici :

1° A mesure que les géologues dissèquent avec plus d'habileté l'écorce terrestre, ils la voient se décomposer en un grand nombre d'assises caractérisées chacune par quelques espèces particulières;

2° A mesure que les paléontologistes, profitant des travaux des géologues, séparent avec plus de soin les animaux fossiles suivant l'âge auquel ils ont vécu, ils trouvent plus rarement des formes identiques, mais au lieu de formes identiques, ils rencontrent des formes analogues ou représentatives, comme si chaque mouvement qui s'est produit au chronomètre des âges géologiques avait correspondu à un changement de nuance dans la coloration des paysages du monde.

Ce que je viens de dire m'amène à parler de ce qu'on pourrait appeler la troisième phase du développement de la science paléontologique : ces êtres qui ont apparu tour à tour à la surface de la terre, quels rapports ont-ils eus les uns avec les autres ? Chaque espèce représente-t-elle une production indépendante de celle qui l'a précédée et de celle qui l'a suivie, ou bien les espèces s'enchaînent-elles, de telle sorte que les êtres actuels semblent les descendants des êtres d'il y a une centaine de mille ans, et que ceux-ci paraissent avoir eu pour progéniteurs les êtres des plus anciennes époques géologiques? En d'autres termes, la paléontologie nous montre-t-elle une série d'apparitions plus ou moins instantanées d'espèces distinctes, ou bien plutôt n'est-elle pas une sorte d'embryogénie immense? N'est-elle pas l'histoire d'une lente évolution qui se poursuit, harmonieuse dans toutes ses phases, depuis les premiers jours du monde?

Si l'heure de trancher définitivement cette question n'est pas encore venue, nous pouvons au moins travailler à en préparer la solution. Les fondateurs de la paléontologie n'ont pu l'élucider, car pour discuter sur les enchaînements des êtres, il leur aurait fallu chercher les points de ressemblance, ils ont dû au contraire s'attacher aux différences. Quel était en effet le dessein de Cuvier? C'était de prouver que les animaux fossiles se distinguent des animaux actuels; il a donc été obligé de faire ressortir, non les ressemblances, mais au contraire les moindres différences. Quel était le but des paléontologistes qui, depuis Cuvier, ont le plus contribué à constituer notre science? Leur but était de faire voir que chaque époque a été représentée par des formes particulières; ils y ont merveilleusement réussi, mais, pour réussir, il a fallu des chefs-d'œuvre d'analyse; on a dû rechercher les plus légères particularités des êtres d'époques consécutives.

En outre, les fondateurs de la paléontologie n'avaient pas des matériaux suffisants pour étudier les enchaînements des êtres fossiles. Dans la fameuse discussion entre Cuvier et Étienne Geoffroy Saint-Hilaire, Geoffroy a eu raison (à mon avis du moins) par l'intuition de son génie, mais les faits acquis semblaient donner raison à Cuvier ; c'est pour cela que les meilleurs observateurs, ceux qui avaient l'esprit le plus positif, ont été généralement opposés aux idées de Geoffroy. Du temps de Cuvier, on ne savait pas qu'il y avait eu des Singes fossiles d'où ont pu descendre les Singes actuels ; on ne connaissait pas d'intermédiaires entre les Chiens et les Ours, entre les Hyènes et les Civettes, entre les Mastodontes et les Éléphants, entre les Chevaux et les autres Pachydermes ; on ignorait qu'il y a certaines transitions entre les Reptiles et les Oiseaux, entre les Poissons et les Crustacés. Falconer et Lydekker n'avaient pas étudié les Mammifères fossiles de l'Inde ; Lartet, Gervais, Kowalesky, Filhol, Lemoine, Depéret, n'avaient pas appris que les Mammifères fossiles de la France offrent de nombreux types de transition ; Pikermi n'était pas connu ; M. Kaup avait encore peu fouillé le fameux gisement d'Eppelsheim qui, parmi tant de restes de Quadrupèdes éteints, a fourni le colossal *Dinotherium* ; MM. Leidy, Marsh, Cope, Osborn, n'avaient point, par l'étude des fossiles des Western Territories, montré les liens qui unissent les faunes d'Amérique et d'Europe; M. Alphonse Milne Edwards n'avait point fait ses recherches sur les Oiseaux fossiles de la France; en Angleterre, MM. Owen, Huxley, Hulke, Seeley, en Allemagne, Hermann de Meyer et M. Fritsch n'avaient point publié leurs vastes recherches sur les Reptiles; Agassiz n'avait pas commencé ses ouvrages sur les Poissons, admirables monuments de la science paléontologique ; Woodward n'avait pas traité des Crustacés fossiles; Deshayes n'avait pas donné la description des coquilles tertiaires de Paris ; les volumes de Barrande sur le silurien n'avaient point paru; Pictet n'avait point parlé de Sainte-Croix, cette petite localité des montagnes du Jura qui projette maintenant de si vives lumières ; M. Davidson n'avait pas étudié les Brachiopodes de tous les temps et de tous les pays ; Henri Milne Edwards, Haime, Duncan, n'avaient pas analysé les caractères des Polypiers; les micrographes ignoraient encore la polymorphie des Foraminifères; . MM. Unger, Heer, de Saporta, Lesquereux, n'avaient pas exhumé des couches tertiaires mille et mille débris de végétaux. J'omets une multitude de noms, et quelques-uns des meilleurs ; je n'en finirais pas, si je voulais énumérer tout ce qui a été dépensé de génie depuis la mort de Cuvier pour ressusciter les êtres des générations antiques. On ne peut s'empêcher d'être saisi d'admiration en présence des travaux de ces naturalistes qui, d'une main si assurée, ont rétabli les linéaments de ce qui eut vie autrefois ; il faut profiter des travaux de tant d'excellents maîtres. Ils ont accumulé des trésors, si bien que nous commençons à connaître l'embarras de la richesse.

D'Archiac a calculé que les Français seulement ont publié, de 1823 à 1867, cinq mille huit cent cinquante-deux planches de fossiles : ce chiffre est plus éloquent que toutes les paroles pour peindre le mouvement de la paléontologie.

Que serait-ce, si l'on ajoutait les travaux faits dans les autres pays ? car nos voisins n'ont pas marché moins vite que nous. Chaque jour de nouveaux fossiles sont tirés des entrailles de la terre. Supposez seulement que nous voyions ressusciter les êtres qui vécurent autrefois sous le ciel parisien : Mammifères et Oiseaux, Reptiles et Poissons, Insectes et Mollusques, Rayonnés et plantes. Quels entrelacements d'existences, quelle exubérance dans la variété ! La nature actuelle, malgré sa magnificence, nous paraîtrait peu de chose à côté des myriades d'êtres qui se sont succédé depuis l'origine des choses. Comment, non seulement l'étudiant, mais le savant le plus expérimenté se reconnaîtra-t-il dans ce fourmillement de vie ? Si les espèces ont été lancées isolément les unes des autres à travers les temps et les espaces, il sera difficile à l'humaine faiblesse d'en embrasser l'ensemble ; mais, si les espèces sont comme des fleurs qui s'épanouissent sur des rameaux communs attachés à un petit nombre de tiges, il suffira de découvrir ces rameaux et ces tiges pour avoir quelque idée du monde organique. C'est pourquoi, nous chercherons si l'on peut rencontrer de tels rameaux et de telles tiges ; tout en faisant de l'analyse, nous croirons obéir aux nécessités actuelles de la paléontologie en faisant des essais de synthèse.

Sans doute, nos efforts seront peu de chose ; la science est encore trop peu avancée ; nous ressemblerons à des architectes qui veulent construire un grand édifice, mais qui sont obligés d'attendre parce que beaucoup de matériaux ne sont pas apportés au chantier, et qui alors se contentent d'unir çà et là quelques pierres pour les fondations du futur monument.

Cependant le peu que nous ferons contribuera, je l'espère, à jeter quelques charmes de plus sur notre science, car la diversité des merveilles du monde séduit, étonne, mais parfois fatigue ; la recherche de l'unité ne lasse jamais, elle répond à un penchant irrésistible de notre âme.

II ·

ÉVOLUTION ET DARWINISME

On confond souvent la doctrine des évolutions du monde animal et le darwinisme. Il me semble utile de montrer en quoi ils diffèrent.

I. *La théorie de l'évolution et la détermination des terrains.*

La discussion de la doctrine de l'évolution doit avoir pour base la paléontologie. Cette doctrine ne consiste pas en vues théoriques, mais dans la comparaison patiente des êtres qui se sont succédé pendant les temps géologiques. Si ces êtres ont offert des enchaînements, et si, la somme de leurs ressemblances surpasse de beaucoup celle de leur différences, nous croyons à leur parenté ; si nous observons le contraire, nous admettons leur indépendance.

Comme les prémisses des raisonnements sur l'évolution des êtres sont des faits d'observation positive, leurs conséquences aussi peuvent avoir des applications positives dont les géologues praticiens tireront profit.

Autrefois, on pensait pouvoir marquer l'âge des terrains en se fondant sur les caractères des roches ; cette croyance se manifestait dans la nomenclature ; on parlait de l'étage des schistes cuivreux, du calcaire magnésien, du grès bigarré, du grès vert, de la craie tuffeau, du calcaire grossier, de la molasse, etc.

Bientôt on s'est aperçu que la nature des roches varie extrêmement pour des formations de même âge ; actuellement, la classification des couches sédimentaires repose surtout sur les données paléontologiques. On pourra en juger par le tableau suivant [1], qui comprend les divisions les plus généralement adoptées par les géologues :

ÈRE QUATERNAIRE.	Règne de l'Homme. — Toutes les espèces des animaux actuels ont apparu. — Quelques espèces et plusieurs races diffèrent de celles qui existent aujourd'hui.

[1] Ce tableau doit être lu en commençant par le cambrien et finissant par l'ère quaternaire.

ÈRE TERTIAIRE.

Phocène. — Diminution du nombre des grands Quadrupèdes terrestres. — Règne des Mammifères marins. — Les genres des animaux actuels sont déjà formés.

Miocène. — Apogée du monde animal. — Les Mammifères placentaires arrivent à leur plus grande perfection et se multiplient au point de former des troupeaux; les Marsupiaux vont disparaître. — Règne des Oiseaux.

Éocène. — Disparition d'une grande partie des formes des époques précédentes. — Affaiblissement des Brachiopodes, des Céphalopodes, des Reptiles. — Règne des Insectes, des Gastropodes siphonostomes et pulmonés, des Bivalves orthoconques. — Oiseaux nombreux et gigantesques. — Mammifères placentaires et Marsupiaux.

ÈRE SECONDAIRE.

Crétacé. — Continuation de la plupart des genres jurassiques. — Règne des Rudistes. — Les Poissons passent à l'état téléostéen. — Règne des Reptiles mosasauriens. — Commencement des vrais Crocodiliens. — Oiseaux avec des dents.

Jurassique. — Les formes primaires ont diminué de plus en plus. — Regne des Coralliaires, des Oursins, des Ammonitidés, des Bivalves pleuroconques, des Gastéropodes holostomes. — Les Poissons commencent à perdre leurs caracteres de ganoïdes. — Règne des Reptiles. — Les Mammifères continuent à être petits et rares. — Oiseaux avec vertèbres caudales non soudées.

Trias. — Disparition de la plupart des formes primaires. — Le règne des Madréporaires succède à celui des rugueux, le règne des Oursins à celui des Crinoïdes, le règne des Mollusques lamellibranches à celui des Brachiopodes, le règne des Ammonitidés à celui des Nautilidés. — Les Poissons deviennent homocerques. — Les Reptiles ganocéphales deviennent labyrinthodontes. — Les Dinosauriens et les Énaliosauriens apparaissent. — Mammifères petits et rares.

ÈRE PRIMAIRE.

Carbonifère et *permien.* — Continuation du règne des Crinoïdes. — Abondance des Pentrémites. — Les Trilobites vont disparaître. — Les Crustacés macroures et les Araignées commencent. — Premiers Reptiles; plusieurs ont leurs vertèbres incomplètement ossifiées.

ÈRE PRIMAIRE.

Dévonien. — Continuation de la plupart des genres d'Invertébrés siluriens. — Règne des Mérostomes. — Les Trilobites diminuent, les Insectes apparaissent, les Poissons sont nombreux et variés, mais la plupart sont notocordaux.

Silurien. — Nombreux polypes. — Les Échinodermes sont représentés surtout par les Cystidés et les Crinoïdes. — Règne des Brachiopodes, des Nautilidés et des Trilobites. — Mérostomes. — Apparition de quelques Poissons.

Cambrien. — Nombreux Trilobites. — Mollusques. — Brachiopodes. — Vers. — Bryozaires. — Un Cystidé. — Polypes. — *Protospongia.*

Jusqu'à présent, la méthode que l'on a suivie pour découvrir l'âge des terrains a été surtout empirique. On a cru observer que les couches de même âge renfermaient les mêmes espèces ; alors on a dressé des catalogues des espèces les plus communes de chaque étage. Lorsqu'on veut savoir l'âge d'un terrain, on fait la liste de ses fossiles et on la compare avec les diverses listes d'espèces caractéristiques. Soit une couche x à déterminer ; je vois que ses fossiles sont semblables à ceux qu'on a déjà cités dans l'étage corallien. J'en conclus que cette couche est de l'étage corallien.

Assurément, cette méthode est souvent excellente, et, autant que possible, il faut s'en servir. Mais elle est d'un emploi très difficile, car les espèces se comptent par milliers ; l'obligation de les connaître est un obstacle qui éloigne de notre science beaucoup de bons esprits. Ajoutons que souvent on ne rencontre que des espèces nouvelles, de sorte que, malgré la connaissance de longues listes de fossiles, on se trouve dans un grand embarras.

Alors il faut chercher s'il n'y a pas quelque méthode rationnelle pour fixer l'âge des fossiles, et ceci conduit forcément les paléontologistes à examiner la doctrine de l'évolution. Plusieurs personnes pensent que la discussion de cette doctrine a seulement un intérêt philosophique : je ne le crois pas ; il me semble que nulle question n'importe davantage à la géologie pratique. En effet, si l'on désespère de découvrir un plan dans l'ensemble de la création, si l'on ne suppose pas que l'histoire du monde organique est l'histoire d'une évolution où tout se lie, où l'être d'aujourd'hui descend de l'être d'hier et sera le propagateur de l'être de demain, on n'a pas de raisons pour s'attendre à trouver telle ou telle forme dans un terrain plutôt que dans un autre. Mais il n'en est pas de même si les espèces des différentes époques se sont enchaînées et ont été solidaires les unes des autres. Je vais en citer un exemple :

Les stratigraphes qui ont étudié les terrains tertiaires lacustres du centre de la France n'ont pu encore observer très nettement les relations du calcaire de Ronzon, auprès du Puy-en-Velay, et d'un terrain situé dans l'Allier, près de Saint-Gérand-le-Puy, où l'on rencontre des Ruminants appelés *Dremotherium* et *Amphitragulus*. Si l'on me demandait l'âge de la formation de Ronzon, je serais, au premier abord, embarrassé pour répondre, quoiqu'un savant géologue du Puy, M. Aymard, ait découvert de nombreux fossiles dans cette localité ; car ces fossiles sont presque tous d'espèces particulières. Mais, comme je crois à l'évolution des êtres, je procède de la manière qui suit : Je regarde à quel degré d'évolution paraissent avoir été les animaux de Ronzon ; M. Aymard m'a fait voir que les Ruminants de ce gisement ont aux pattes de derrière quatre métatarsiens : deux latéraux, qui sont rudimentaires, et deux médians, qui sont grands et portent des doigts ; ces os médians, libres dans la jeunesse, se soudaient lorsque les individus avançaient en âge ; toutefois cette soudure était assez incomplète pour qu'on puisse toujours bien constater la présence des deux os. Or, on connaît l'âge des animaux fossilisés dans la pierre à plâtre de Paris (éocène supérieur) ; on sait aussi que ceux de ces animaux que l'on a trouvés jusqu'à présent ont leurs métatarsiens séparés. D'autre part, dans l'époque actuelle, et déjà à l'époque du miocène moyen, représentée par la faune de Sansan, plusieurs des Ruminants[1] ont leurs deux métatarsiens médians intimement soudés. Puisque les Ruminants de Ronzon présentent, pour la soudure de leurs os, un

---

[1] Certains Ruminants, tels que *l'Hyæmoschus*, ont conservé jusqu'à l'époque actuelle des caractères du type Pachyderme; dans toutes les époques géologiques, on rencontre de semblables exemples de genres dont la longévité a été très grande. Pour juger l'âge d'une faune, il faut considérer son ensemble et ne pas s'attacher seulement à quelques formes isolées.

degré d'évolution intermédiaire entre les animaux de l'éocène supérieur et les animaux du miocène moyen, je suppose qu'ils sont aussi d'un âge intermédiaire : ils seraient donc du miocène inférieur.

Si, maintenant, je regarde les Ruminants des environs de Saint-Gérand, je vois que leurs deux grands métatarsiens sont complètement réunis ; ils révèlent donc un degré d'évolution de plus que les Ruminants de Ronzon, et je suis porté à croire qu'ils sont d'une époque un peu plus rapprochée de la nôtre. Mais je constate que leurs deux petits métatarsiens latéraux sont imparfaitement soudés; comme ces os sont intimement soudés (dans leur partie supérieure) chez la plupart des Ruminants actuels et même chez plusieurs du miocène moyen, je suis disposé à conclure que les fossiles du gisement de Saint-Gérand sont d'une date géologique plus ancienne. Ainsi il paraîtrait probable que ce gisement, tout en étant un peu supérieur à celui de Ronzon, appartient encore à l'étage miocène inférieur. Après avoir regardé les pattes des Ruminants, il me faudrait examiner les autres parties de leur squelette ; je devrais faire de semblables recherches sur les différents animaux, et, si elles fournissaient plusieurs remarques analogues aux précédentes, je parviendrais à fixer avec exactitude l'âge du gisement.

Comme on le voit, l'étude de l'évolution pourrait offrir des secours pour la détermination des couches de la terre. Ces secours sont encore faibles ; car non seulement l'histoire de l'évolution des êtres fossiles est à peine ébauchée, mais il y a d'éminents naturalistes qui nient que cette histoire soit possible, attendu qu'ils ne croient pas à l'évolution. En outre, la base de toute considération de ce genre, c'est l'embryogénie des êtres actuels, et cette science admirable est peu répandue.

Quand même la paléontologie serait assez avancée pour que l'on pût souvent essayer de marquer l'âge des terrains d'après le degré d'évolution des êtres que ces terrains renferment, il faudrait apporter dans ce genre de détermination une réserve extrême. Deux raisons le commandent : 1° l'inégalité avec laquelle les changements des différents types se sont produits ; 2° les migrations des êtres aux diverses époques géologiques. Je laisse de côté le premier point, je m'en suis occupé ailleurs, il est incontestable. Je voudrais seulement dire quelques mots de la question des migrations.

De nos jours, diverses régions de la terre ont une faune et une flore spéciales : l'Europe, l'Amérique, l'Afrique australe, Madagascar, la Nouvelle-Hollande, etc., renferment des êtres particuliers. Il est possible que, dans les âges géologiques, la température ait été plus égale à la surface de la terre, et que par conséquent la répartition des êtres ait été plus uniforme. Cependant, des remarques faites dans ces dernières années semblent montrer qu'à la même époque géologique toutes les régions de la terre n'ont pas eu des habitants absolument semblables.

Je citerai d'abord les études de Barrande sur le terrain silurien de la Bohême. Barrande a séparé les faunes de ce terrain en trois groupes bien distincts : la *faune primordiale*, la *faune seconde*, la *faune troisième*. Il a cru autrefois qu'en Bohême, aucun animal de la deuxième faune n'avait passé à la troisième en dehors des colonies ; il a ensuite admis le passage de six espèces : chiffre insignifiant, si l'on réfléchit que la faune troisième compte deux mille espèces. Cependant, à divers niveaux des terrains de la faune seconde, Barrande a signalé des bandes qui renferment brusquement les êtres de la faune troisième. Sans doute on peut croire que, pendant l'époque de la faune seconde, des êtres identiques avec ceux de la faune troisième ont été formés de toute pièce, qu'ensuite ils ont été détruits, rétablis parfaitement semblables, puis détruits et encore rétablis exactement avec les mêmes caractères, etc. Toutefois, il paraît plus simple de dire avec Barrande : A l'époque où la faune seconde existait dans le bassin de la Bohême, la faune troisième existait déjà hors de ce bassin, et de temps en temps, elle lui envoyait des colonies.

Vous comprenez la conséquence d'une telle croyance ; autrefois, si l'on eût interrogé un paléontologiste sur des fossiles siluriens de quelque pays inconnu, il aurait répondu d'un ton affirmatif : ces fossiles sont de la faune seconde ou de la faune troisième ; aujourd'hui chacun est hésitant, car des faunes qui, en Bohême, ont été successives, ont pu être contemporaines ailleurs. Lorsqu'on a trouvé dans les terrains siluriens d'Amérique des couches caractérisées par les mêmes êtres qu'en Europe, on a dit : Voilà des couches d'Europe et d'Amérique qui renferment les mêmes êtres, donc elles ont été formées à la même époque, elles appartiennent à la même phase d'apparition, et maintenant on devrait dire : Voilà des couches qui contiennent les mêmes êtres, il est donc probable qu'elles ne sont pas strictement de la même époque, car ces êtres n'ont point passé en un instant d'Amérique en Europe.

La doctrine des colonies a été contestée ; elle suppose que des animaux mollusques et articulés ont persisté pendant un temps immense sans se modifier en rien, ce qui est en opposition avec les opinions jusqu'à présent reçues. Quoique j'aie été en Bohême et que Barrande ait bien voulu me conduire sur le terrain des colonies, je m'abstiendrai d'émettre un jugement personnel. Mais que l'on admette ou que l'on nie certaines des colonies de Barrande, toujours est-il que l'ensemble des observations réunies par cet éminent naturaliste portent à penser que des animaux peuvent reparaître dans un pays assez longtemps après l'avoir quitté.

Je prendrai maintenant un exemple de migrations dans les formations secondaires. En 1864, M. Ramsay a fait à la Société géologique de Londres une adresse où il a résumé l'histoire de la succession des êtres de la Grande-Bretagne pendant l'époque secondaire. Dans ce discours, il a formulé le *principe de migration et de retour*, pour expliquer plusieurs faits de réapparition d'espèces constatés par les paléontologistes. Ainsi, dans l'étage calcaire de l'oolithe inférieure, on voit beaucoup de Mollusques ; dans l'étage argileux du *Fuller's earth*, ils disparaissent ; et dans l'étage calcaire de la grande oolithe, on les rencontre de nouveau. Faut-il supposer que les Mollusques de l'oolithe inférieure ont tous péri, quand est venue l'époque pendant laquelle l'argile à foulon fut déposée, et qu'au moment où le calcaire de la grande oolithe se déposa, des Mollusques furent de nouveau formés de telle sorte que plusieurs se trouvèrent exactement semblables à ceux de l'oolithe inférieure ? Cela est possible ; cependant il est plus vraisemblable de dire avec M. Ramsay : « La majorité des formes qui ont passé du calcaire de l'oolithe inférieure par-dessus la terre à foulon paraissent avoir fui le fonds vaseux de la mer du Fuller's earth et être retournés dans la même place quand la période de la grande oolithe commença. »

Enfin je citerai un exemple emprunté à l'époque crétacée. D'Orbigny avait partagé le terrain de cette époque en sept étages. Pictet et Campiche ont publié un vaste ouvrage sur le terrain crétacé de Sainte-Croix dans le Jura suisse ; ne pensez pas qu'ils ont nié à Sainte-Croix les divisions d'étages admises par d'Orbigny ; tout au contraire, ils en ont reconnu un plus grand nombre. « Il faut, ont-ils dit, constater que. dans le bassin de Sainte-Croix, les faunes crétacées sont remarquablement. distinctes et sont le fruit d'un renouvellement presque intégral des espèces. Ce fait important est plus fréquent qu'on ne le croit, et, en général, quand on étudie les faunes successives d'une région peu étendue, on trouve très peu d'espèces qui passent de l'une à l'autre. » Pictet ne s'est pas contenté d'étudier les espèces de Sainte-Croix à Sainte-Croix, il les a suivies dans les autres pays, et là aussi il a vu des étages bien distincts. Mais voilà une curieuse révélation du grand paléontologiste de Genève : c'est que ces étages ne commencent point partout au même point ; les séparations n'ont pas eu lieu exactement au même niveau dans les diverses régions : « Les mélanges d'espèces d'étages différents sont d'autant plus fréquents que la distance géographique des couches comparées est plus grande. »

Les beaux travaux de M. Barrois sur le crétacé du nord de la France et de M. Choffat sur le jurassique du Jura ont révélé des faits du même genre.

Ces découvertes ont porté une profonde atteinte aux lois que les paléontologistes admettaient autrefois. Nous croyions les étages géologiques si nets qu'on pouvait placer entre eux une lame de couteau ; nous pensions qu'à certains moments, les êtres ont disparu et que d'autres ont apparu. Maintenant on nous dit : Cela est vrai, mais vrai seulement pour une petite étendue de pays ; les apparitions et disparitions n'ont été que locales.

Nous voyons partout des étages superposés, parce que rien n'est stable sur notre terre. Les régions mêmes qui ont semblé le plus à l'abri des grandes secousses ont ressenti de fréquentes oscillations ; les fonds de mer ainsi que les continents se sont tour à tour élevés et abaissés ; les courants ont varié ; ils ont apporté à un moment de la boue calcaire, à un autre moment du sable, à un autre moment de l'argile, etc. En même temps que le monde physique changeait, le monde organique changeait aussi ; parmi les animaux, quelques-uns périssaient, quelques-uns émigraient et d'autres venaient en leur place. Plus tard, ceux qui étaient partis revenaient quelquefois ; mais, comme ils avaient voyagé à travers le temps ou à travers l'espace, ils rentraient dans la mère patrie presque toujours modifiés : c'est pourquoi chaque étage a des formes assez différentes pour permettre aux naturalistes de leur imposer de nouveaux noms. Ainsi, ce qu'en paléontologie on nomme un étage, ce n'est le plus souvent qu'une étape du voyage. Quand on compte, à Sainte-Croix, neuf étages de l'époque crétacée, cela signifie que, pendant une partie de cette époque, les êtres marins se sont déplacés neuf fois.

Ces remarques montrent que la détermination des couches du globe par le moyen des fossiles exige de grandes précautions.

II. *Le rôle de Darwin au point de vue de la paléontologie.*

Le darwinisme représente un ensemble de considérations de tout autre nature que celles dont je viens de parler. Il ne consiste pas dans la constatation des changements que les êtres ont subis dans les diverses époques géologiques, mais dans la recherche des procédés par lesquels ces changements ont pu se produire. Ce n'est pas sur la paléontologie que le fondateur du darwinisme s'est appuyé, c'est sur l'étude des faits qui se passent sous nos yeux. Même, Darwin a cru que la paléontologie fournissait des objections contre son système. Il y a quelques années encore, les enchaînements observés entre les êtres fossiles étaient si peu nombreux que la plupart des meilleurs naturalistes, frappés du nombre et de . . largeur des lacunes, étaient peu disposés à admettre les idées d'évolution.

Cependant, les ouvrages de Darwin ont eu une importance toute particulière pour la paléontologie ; je vais tâcher d'en faire comprendre la raison.

Avant de se rendre illustre par ses théories, Darwin avait révélé un puissant esprit d'observation. Il avait fait le tour du monde à bord du *Beagle*, avait publié sur la Patagonie des remarques curieuses, s'était livré à d'ingénieuses études sur les îles madréporiques de l'Océan Pacifique. Plus tard, il avait entrepris de patientes recherches sur les Cirripèdes, soit vivants, soit fossiles. C'est seulement en 1859 qu'il a fait paraître son ouvrage intitulé : *Origine des espèces au moyen de la sélection naturelle ou la Lutte pour l'existence dans la nature*. Il a attendu que son esprit fût arrivé à la maturité ; il a pris le temps d'accumuler les observations et de méditer sur ce qu'il avait vu. L'*Origine des espèces* a été complétée par plusieurs ouvrages, notamment par la *Descendance de l'homme*, les *Variations des plantes et des animaux*, l'*Expression des émotions de l'homme et des animaux*, les *Plantes grimpantes*, les *Plantes insectivores*, etc.

Bien que Darwin, dans son *Origine des espèces*, ait peu traité des animaux fossiles, c'est peut-être parmi les paléontologistes qu'il a produit en France le plus d'impression. Les uns prirent chaudement parti contre lui, les autres prirent parti pour lui. Dans cette chaire du Muséum que j'occupe maintenant, d'Archiac l'attaqua vivement ; malgré ma confiance dans le jugement de ce maître que j'aimais et estimais profondément, et quoique j'aie toujours été éloigné à certains égards des idées philosophiques de Charles Darwin, je lus le livre sur l'*Origine des espèces* avec une admiration passionnée ; s'il m'était permis d'employer une telle expression, je dirais que je le dégustai lentement, comme on boit à petits traits une délicieuse liqueur ; j'y trouvais une multitude d'observations et de pensées qui s'accordaient avec ce que j'avais pu entrevoir des enchaînements des êtres dans les âges passés.

Aujourd'hui les espèces fossiles se comptent par milliers. Nous savons qu'à chaque moment de l'histoire du monde, des formes nouvelles se sont manifestées ; entre ces formes indéfinies, notre esprit troublé cherche à découvrir des points de repère. La question de l'espèce se pose irrésistiblement devant le paléontologiste. L'espèce représente-t-elle une entité distincte, indépendante de celle qui l'a précédée, de celle qui l'a suivie ?

Par exemple, M. de Saporta en faisant ses investigations de paléontologie végétale, trouve à divers niveaux dans les couches tertiaires des plantes peu différentes de celles qui parent aujourd'hui l'écorce de notre terre ; naturellement il est disposé à penser que ce sont les mêmes types qui d'étapes en étapes, de mutations en mutations se sont avancés vers l'état où nous les admirons maintenant. Deshayes a compté mille quatre cents espèces de Cérithes, dont mille à l'état fossile, appartenant à des étages différents ; sont-ce là autant de créatures distinctes ; ne peut-on pas plutôt supposer soit un seul Cérithe, soit un petit nombre de Cérithes se continuant à travers les temps géologiques et présentant ces faibles modifications qu'on a nommées des espèces ?

Un paléontologiste va explorer un gisement d'où il rapporte une multitude d'os de Rhinocéros fossiles ; il compare ces os avec ceux des Rhinocéros vivants ; presque tous ont les mêmes trous pour les ligaments, les mêmes saillies pour les attaches des tendons ; seulement il trouve une ou deux différences ; alors, par la pensée, il met dans une balance la somme des ressemblances et celle des dissemblances ; la première l'emporte tellement sur la seconde qu'elle entraîne son esprit vers l'idée que les espèces de Rhinocéros vivants et fossiles ne sont qu'un même type qui a éprouvé de légers changements. Ensuite le même naturaliste compare ces Rhinocéros avec leurs prédécesseurs les *Palæotherium*, et, plaçant à la suite les unes des autres toutes les espèces de ces deux genres, il suppose qu'elles aussi peuvent représenter un même type qui s'est peu à peu modifié. Là où on voyait dix êtres, cent êtres différents, il n'y en a plus qu'un ; l'histoire de la nature se simplifie ; sous son apparente diversité, nous apercevons l'unité ; au lieu de créatures jetées comme au hasard, sans règle et sans suite, dont l'indéfinie variété semblait devoir surmonter la compréhension de l'esprit humain, nous croyons suivre la trace de quelques types dont le fond est assez peu varié pour que nous soyons capables d'embrasser leurs traits principaux, Ainsi espérons-nous arriver un jour à comprendre le plan que Dieu a suivi pour produire et développer la vie dans le monde.

On a dit aux paléontologistes partisans de la doctrine de l'évolution : « Vous poursuivez une grande idée chimérique, car les espèces d'aujourd'hui ne changent pas ; les momies d'Égypte ont appris que les êtres les plus anciens des temps historiques sont aujourd'hui les mêmes qu'autrefois. » Les paléontologistes étaient bien embarrassés pour répondre à cet argument. Mais voilà que Darwin est venu : il a vécu près des jardiniers et des éleveurs d'animaux ; son esprit fin et curieux a interrogé tous les êtres qui existent autour de nous. Il a suivi leurs insensibles modifications ; il a été profondément impressionné par la vue des changements qui sont déterminés par quelques efforts de l'Homme, par des influences de milieux, par des unions répétées d'individus ayant la prédominance de telles ou telles qualités. Il a montré que, même dans le court espace des temps historiques, les êtres ont subi et subissent actuellement sous nos yeux d'importantes mutations. Assurément Darwin n'a pas tout expliqué ; l'incompréhensible dans l'univers se dresse encore immense en face du compréhensible. Mais la voie est ouverte : tracer une voie nouvelle, c'est faire preuve de génie.

III.

LES ENCHAINEMENTS DES MAMMIFÈRES

DANS LES TEMPS GÉOLOGIQUES

Parmi les êtres fossiles, les Mammifères qui ont caractérisé la troisième grande phase de l'histoire de la nature, appelée l'*époque tertiaire*, offrent des conditions particulièrement favorables pour l'étude des questions relatives à l'évolution. A cette époque, les Mammifères forment un contraste frappant avec la plupart des autres êtres. Alors les plantes appartiennent déjà aux genres actuels ; ainsi que l'ont montré les admirables travaux de M. de Saporta, elles subissent encore des changements d'espèces et de races, mais leurs transformations génériques sont accomplies. Les grands traits des animaux invertébrés sont presque tous dessinés : leurs espèces varient ; leurs genres, leurs familles, ne varient plus guère. Les Poissons ont atteint leur apogée ; les Reptiles l'ont dépassée et sont en voie de diminution. Il n'en a pas été de même pour les Mammifères ; ces êtres, dont la peau est le plus souvent délicate, nue ou couverte de poils, n'ont eu leur complet développement que lors de l'extinction des énormes Reptiles secondaires, auxquels une peau coriace et quelquefois cuirassée donnait des avantages dans la lutte pour la vie. Pendant la plus grande partie des âges tertiaires, les Mammifères ont été très différents des animaux actuels : ils ont été encore en pleine évolution ; ils ont présenté une infinie richesse de formes. Dans la multitude de ces espèces qui se sont succédé, il y en a eu qui, à un moment donné, semblent avoir apparu ou disparu brusquement ; mais je vais tâcher de montrer par quelques exemples qu'il y en a eu aussi plusieurs dont on peut suivre les enchaînements.

Les Mammifères se divisent en *Placentaires* et en *Marsupiaux*. Chez les premiers, la membrane appelée allantoïde dont s'entoure le fœtus s'étend assez pour former un placenta par lequel il s'unit intimement avec sa mère. Chez les seconds, l'allantoïde reste à l'état rudimentaire, il n'y a pas formation de placenta ; aussi les petits ne se développent que très incomplètement, et ils arrivent au jour dans un état imparfait ; souvent, pour protéger leur faiblesse, la mère a sous le ventre une poche *(marsupium)* où elle les reçoit. Ces Marsupiaux, que les naturalistes regardent comme inférieurs aux Placentaires, ont apparu les premiers ; ils ont quitté nos pays dès le milieu des temps tertiaires.

Quand nous réfléchissons que l'époque de la disparition des Marsupiaux a coïncidé avec l'époque de la multiplication des Placentaires, nous nous demandons si ces derniers ne sont pas des Marsupiaux qui se seraient modifiés. Cette interrogation se pose naturellement à notre esprit, attendu que, justement aux moments où se sont succédé ces Quadrupèdes, il y a eu des genres qui ont formé la transition des uns aux autres. Ainsi les Carnivores connus sous les noms d'*Hyænodon*, *Pterodon*, *Palæonictis*, ont la plupart des caractères des Placentaires, et cependant leurs dents molaires ont la forme de celles des Marsupiaux. M. Filhol a montré que la *Proviverra*, dont les membres rappellent le type des Civettes, se rattache aux Marsupiaux par son cerveau et une partie de sa dentition. Paul Gervais a fait voir aussi que l'*Arctocyon* avait un cerveau de Marsupial, bien que par d'autres particularités il se rapprochât des Placentaires. Ces animaux me semblent des êtres énigmatiques, à moins de voir en eux des Marsupiaux devenus des Placentaires et qui ont gardé une partie de leurs anciens caractères. En vérité, pour concevoir un Marsupial se changeant en Placentaire, il suffit de supposer que l'allantoïde, au lieu d'être frappée d'un arrêt de développement, s'est agrandie par degrés. Je ne comprends pas le Marsupial considéré isolément : je le comprends comme représentant le passage au Placentaire ; un rudiment d'allantoïde me semble en désaccord avec les harmonies habituelles de la nature, s'il n'est pas destiné à avoir un jour son utilité dans le Marsupial devenu Placentaire.

Parmi les Mammifères à placenta, ceux qui ont joué le plus grand rôle dans les temps tertiaires sont les animaux auxquels leur peau épaisse a fait donner le nom de *Pachydermes*. Aujourd'hui, ils sont peu répandus et assez bien séparés les uns des autres ; on n'a pas de raison de penser que les Rhinocéros d'Afrique descendent de ceux d'Asie, ni que les Rhinocéros descendent des Cochons ou des Tapirs ; ces Quadrupèdes, étudiés dans la nature actuelle, ont pu contribuer à faire repousser l'idée que les espèces différentes sont dérivées les unes des autres. Mais, lorsque nous pénétrons dans les temps géologiques, nous voyons les lacunes se combler ; les espèces se montrent si rapprochées qu'il est difficile d'échapper à la pensée que leurs ressemblances prouvent des descendances. Par exemple, avant les Cochons actuels, il y a eu une succession de Cochons fossiles qui avaient avec eux les plus grands rapports. On a trouvé aussi un genre qui a paru très rapproché des Cochons ; on l'a appelé *Hyotherium ;* il est lui-même si voisin d'un autre genre, le *Palæochœrus*, que l'habile paléontologiste Peters a proposé de les réunir; à son tour, le *Palæochœrus* est peu différent du *Chœropotamus* et du *Dichobune* dont Cuvier a découvert les restes dans la pierre à plâtre de Montmartre. Les Rhinocéros actuels ont été précédés par des Rhinocéros tertiaires qui leur ressemblaient beaucoup ; il n'est pas facile d'établir la séparation de quelques-uns d'entre eux et des Rhinocéros auxquels le manque de corne sur le nez a fait donner le nom d'*Acerotherium* ; d'autre part, ces derniers ne sont pas bien éloignés des *Palæotherium*, qui vécurent à côté du *Chœropotamus* dans le temps de la formation de notre pierre à plâtre. Comme les Rhinocéros et les Cochons, les Tapirs actuels ont été précédés par plusieurs espèces qui en étaient très voisines ; quand on s'enfonce un peu dans les temps géologiques, on trouve une forme représentative du type Tapir, à laquelle a été appliquée la désignation de *Lophiodon* (fig. 1) ; l'*Hyrachius* paraît avoir été une des transitions du *Lophiodon* au Tapir. Tant de ressemblances sont-elles trompeuses ? Ne révèlent-elles pas une communauté d'origine entre les Pachydermes qui de nos jours sont bien séparés ?

Mais il y a plus ; nous n'apercevons pas seulement des indices de transition de Pachydermes à Pachydermes, nous en voyons entre l'ordre des Pachydermes et l'ordre des Ruminants. Au premier abord, il doit paraître étrange de dire que des bêtes charmantes et légères comme les Cerfs et les Antilopes, ont pu avoir des liens de parenté avec des Pachydermes ; cependant les paléontologistes ont déjà découvert un si grand nombre de genres fossiles, qu'ils commencent à pouvoir intercaler entre les formes extrêmes des formes de passage. Par exemple, la plupart des Ruminants semblent différer des Pachydermes parce qu'ils ont des cornes sur leurs os frontaux ; mais il n'en a pas toujours été ainsi : les pre-

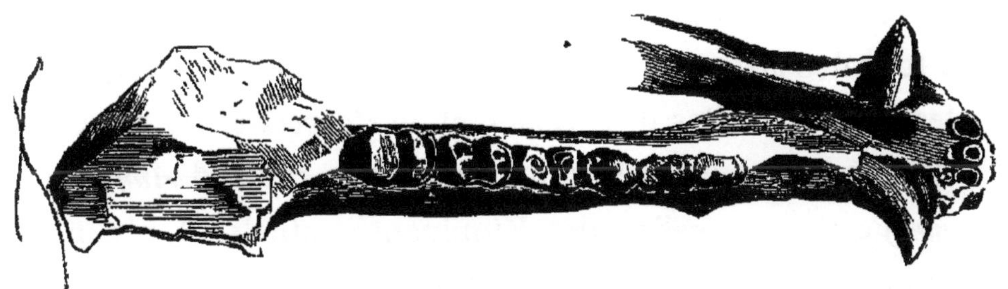

Fig. 1. — *Lophiodon parisiensis.* Au 1/4 de gr. — Calcaire grossier de Nanterre
(d'après de Blainville).

miers Ruminants n'ont pas eu de cornes ; ceux qui sont venus ensuite ont eu de petites cornes ; ceux à grandes cornes ne sont arrivés que plus tard. Si les Ruminants actuels se distinguent des Pachydermes par le manque de dents incisives à la mâchoire supérieure, les Ruminants anciens n'ont pas offert la même différence : ils avaient des incisives aussi bien que les Pachydermes. Les Ruminants de notre époque ont des dents molairesqui ne peuvent se confondre avec celles des Pachydermes et notamment des Cochons : celles de ces derniers appartiennent au type omnivore, elles ont de gros mamelons surbaissés, destinés à écraser les corps durs ; au contraire, les molaires de Ruminants présentent le type parfait de l'Herbivore, elles ont de minces croissants dont les éléments forment une exellente râpe pour triturer les herbes. Si grandes que soient les différences des molaires de ces deux ordres, on découvre en elles des transitions : c'est un curieux spectacle que celui des gros mamelons de Pachydermes se changeant peu à peu en croissants de Ruminants ; pour en jouir, il suffit de considérer tour à tour des arrière-molaires de certains Cochons, tels que les Pécaris, celles d'*Entelodon* et de *Palæochœrus*, celles de *Chœropotamus*, celles de *Dichobune*, celles d'*Amphimeryx* et enfin celles des Ruminants actuels. Il n'y a pas loin non plus des molaires des Cochons à celles de l'*Anthracotherium*, de ces dernières à celles de l'*Hyopotamus*, de ces dernières à celles du *Lophiomeryx*, de ces dernières à celles du *Dorcatherium* et de ces dernières à celles des Ruminants actuels.

L'histoire des Chevaux a présenté des faits du même ordre. Les figures ci-jointes montrent comment on peut supposer facilement le passage d'une molaire de *Paloplotherium* (fig. 2) à celle d'un *Pachynolophus* (fig. 3). de la molaire d'un *Pachynolophus* à celle d'un *Anchitherium* (fig. 4), de la molaire d'un *Anchitherium* à celle d'un *Hipparion* (fig. 5 et 6), et de la molaire d'un *Hipparion* à celle d'un Cheval (fig. 7).

C'est surtout par la forme des membres que les Ruminants sont aujourd'hui différents des Pachydermes ; les

FIG. 2. — Molaire de lait inférieure
gauche de *Paloplotherium minus*,
grandeur naturelle : 1 , *i'*., *i* , denticules internes ; E., *e*., denticules
externes. Lignite de la Debruge.

FIG. 3. — Molaire inférieure gauche
de *Pachynolophus siderolithicus*
Grandeur naturelle. Mêmes lettres.
— Sidérolithique du Mauremont.

FIG 4. — Molaire inférieure gauche
d'*Anchitherium aurelianense* gran
deur naturelle. Mêmes lettres. —
Sansan.

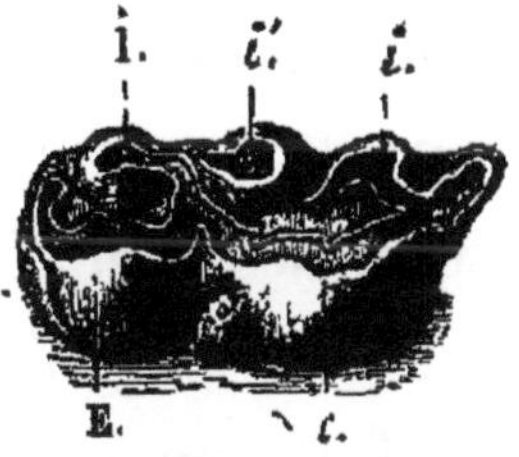

FIG. 5. — Molaire de lait inférieure
gauche d'*Hipparion gracile*, aux
3/4 de grandeur. Mêmes lettres.
— Pikermi.

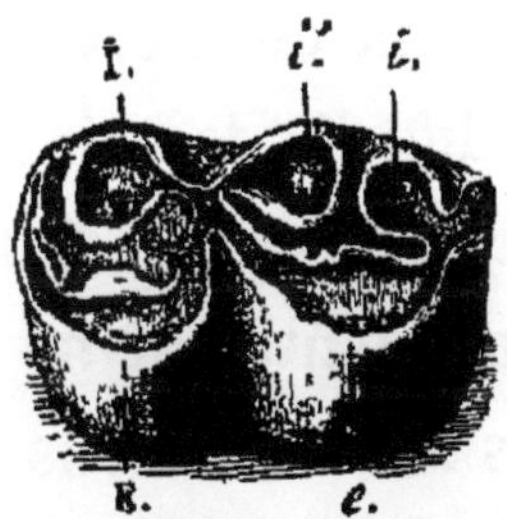

FIG. 6. — Molaire inférieure gauche
d'*Hipparion gracile* adulte qui est
entamée par l'usure, aux 3/4 de
grandeur. Mêmes lettres.—Pikermi

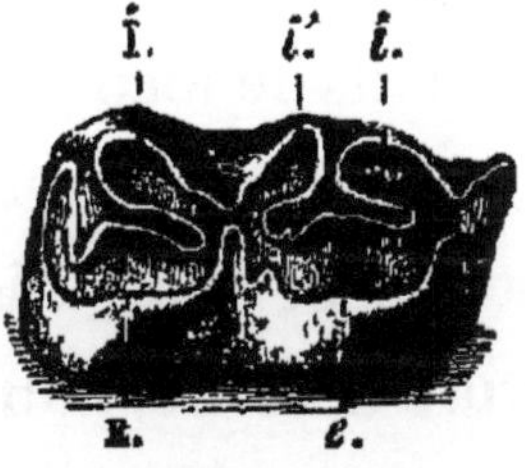

FIG. 7. — Molaire inférieure gauche
d'un Cheval actuel, aux 3/4 de
grandeur. Mêmes lettres.

larges pattes de ces derniers soutiennent leur corps
pesant, les empêchent d'enfoncer dans la vase des maré-

cages et leur donnent la facilité de traverser à la nage les
cours d'eau ; il serait peu utile à la plupart des Pachydermes d'être rapides à la course, car, étant omnivores.
ils ont partout de quoi se nourrir, et, étant en état de
résister à leurs ennemis, ils ne sont pas obligés de les
fuir. Les Ruminants, au contraire, sont des Herbivores
qui ne peuvent vivre que dans·certains parages ; ils ont
bientôt dévoré les herbages des plus riches régions, car
ils forment des troupeaux immenses : aussi ils vont à
travers les déserts, passant d'oasis en oasis ; leur panse,
sorte de grand sac de voyage où ils emportent leurs pro-
visions de nourriture, suffirait pour nous apprendre que
ce sont des nomades. Il faut donc que les Ruminants
soient bien organisés pour la course, et il le faut d'autant plus que ce sont des créatures d'ornementation
faites pour charmer, non pour se défendre, si peu
armées qu'elles ne peuvent trouver leur salut que dans
la fuite. Aussi leurs membres sont de merveilleux instruments de locomotion ; il est difficile de voir des pattes
plus dissemblables en apparence que celles d'un Hippopotame et d'un Mouton. Cependant, même dans la
nature actuelle, nous observons des transitions entre ces
formes extrêmes ; personne ne jugera invraisemblable
qu'une patte de devant d'Hippopotame soit devenue une
patte de Cochon, celle-ci une patte de Pécari, celle-ci
une patte d'*Hyœmoschus*, celle-ci une patte de Tragule,
celle-ci une patte de Steinbock, celle-ci enfin une patte

de Mouton. Néanmoins, tant que l'on considère seulement des êtres des temps actuels, on peut objecter qu'ils appartiennent à la même époque de création, et que, par conséquent, rien ne prouve qu'ils soient descendus les uns des autres ; mais, si on découvre des transitions analogues à celles que je viens de citer dans des couches de diverses époques géologiques, on n'a plus les mêmes raisons de contester qu'une patte de Ruminant a pu être dérivée d'une patte de Pachyderme. Or, nous voyons un insensible passage des pattes les plus lourdes des Pachydermes fossiles aux pattes les plus fines des Ruminants.

De même que la paléontologie révèle des enchaînements entre les Pachydermes à doigts pairs et les Ruminants, elle en découvre entre les Pachydermes à doigts impairs et les Solipèdes. Le cheval a les pattes réduites à un seul doigt, c'est ce qui lui a fait donner le nom de *Solipède ;* ses membres présentent le maximum de la simplicité ; il ne peut craindre ni entorses ni foulures : il réalise le type le plus parfait de l'animal coureur. A voir un fier Cheval se cabrer, frapper la terre de son sabot unique et dévorer l'espace, on ne s'imagine pas, au premier abord, qu'il puisse y avoir des liens de parenté entre lui et les Rhinocéros ; cependant les couches tertiaires nous fournissent des passages entre ces types si différents. Considérons les Rhinocéros dont les pattes sont les plus larges, ceux qui ont quatre doigts et qu'on appelle *Acerotherium ;* nous remarquons que leur doigt externe est bien plus réduit que les autres (fig. 8). Chez les Rhinocéros proprement dits, ce doigt n'est plus représenté que par un os rudimentaire. La patte du *Pa-*

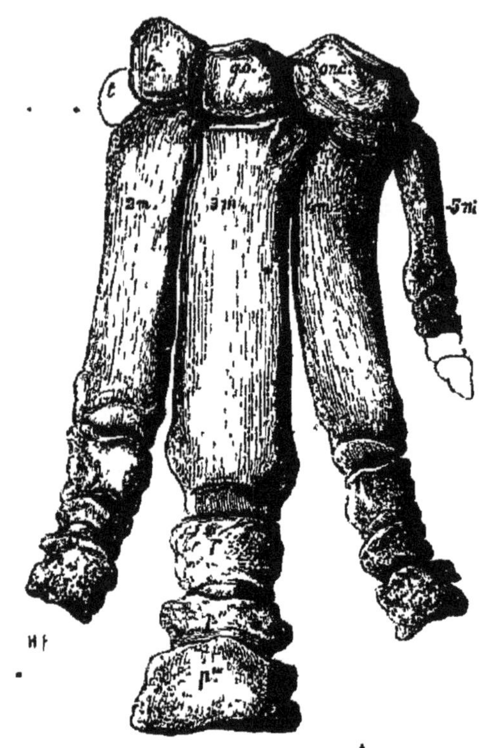

FIG. 8. — Patte de devant gauche de l'*Acerotherium tetradactylum*, vue en avant, à 1/4 de grandeur : *t.*, trapèze ; *tr.,* trapézoïde ; *g. o* , grand os ; *onc.*, onciforme ; *2 m.*, *3 m.*, 4 *m.*, 5 *m* , les deuxième, troisième, quatrième et cinquième métacarpiens ; *p'., p''., p'''.*, la première, la deuxième et la troisième phalange. — Miocène moyen de Sansan.

læotherium crassum (fig. 9) n'a plus son cinquième doigt qu'à l'état rudimentaire, représenté par le petit os (5 *m.).* Dans la patte du *Palæotherium medium* (fig. 10), les doigts s'allongent, et celui du milieu (3 *m.)* est notablement plus développé que les autres. Dans la patte du *Paloplotherium minus* (fig. 11) et dans celle de l'*Anchitherium aurelianense* (fig. 12 et 13), les doigts latéraux

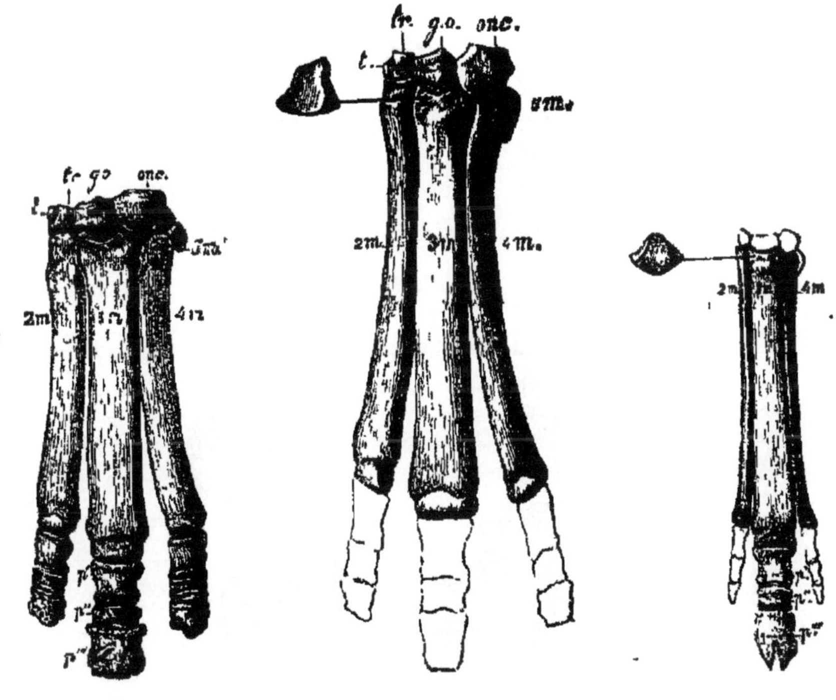

FIG 9. — Restauration d'une patte de devant gauche du *Palæotherium crassum*, vue de face, à 1/3 de grandeur. Mêmes lettres. — Gypse de Paris. Collection du Muséum.

FIG. 10   Patte de devant gauche du *Palæotherium medium*, vue de face, à 1/3 de grandeur. Mêmes lettres que dans les figures precédentes. — Gypse de Paris.

FIG. 11 — Restauration d'une patte de devant gauche du *Paloplotherium minus*, vue de face, à 1/3 de grandeur   Lignite de la Débruge.

ont encore moins d'importance. Les figures 14 et 15 montrent la patte de l'*Hipparion* où les doigts latéraux ne touchent plus le sol ; chez le Cheval (fig. 16 et 17), les doigts latéraux sont réduits à deux stylets qui repré-

sentent le second métacarpien (2 *m.*) et le quatrième
métacarpien (4*m.*). Comme le montre la figure 18, faite

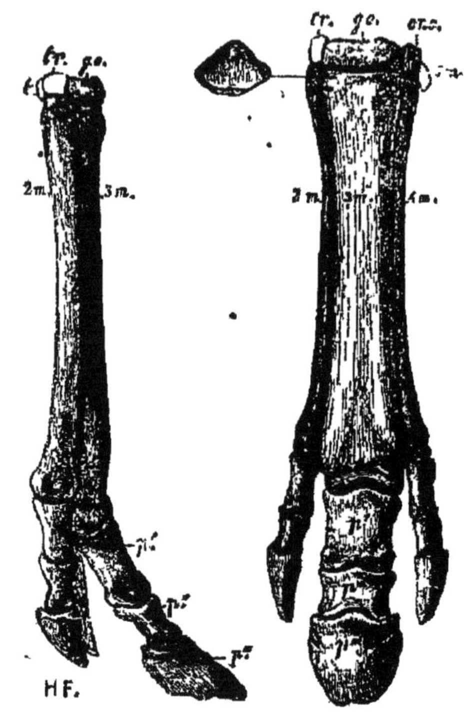

Fig. 12 et 13.   Restauration d'une patte de devant gauche d'*Anchitherium
aurelianense*, vue de face et du côté interne, à 1/5 de grandeur. On a représenté à part la face supérieure du troisième métacarpien. Mêmes
lettres que dans les figures précédentes. — Cette restauration a été
faite d'après les pièces de Sansan qui sont au Muséum, d'après les
moulages de la Grive Saint-Alban que le Musée de Lyon a bien voulu
m'envoyer, et d'après les travaux de MM. Fraas et Kowalevsky. J'ai mis
un rudiment de cinquième métacarpien, parce que M. Kowalevsky a
signalé un onciforme qui a une facette indiquant l'existence de cet os.

d'après le pied d'un Cheval de Normandie que m'a communiqué le savant anatomiste d'Alfort, M. Goubaux, le
doigt interne de l'*Hipparion* réapparaît quelquefois chez

les actuels ; on y voit aussi tératologiquement le petit trapèze et le rudiment du cinquième métacarpien qui existent normalement chez l'*Hipparion*.

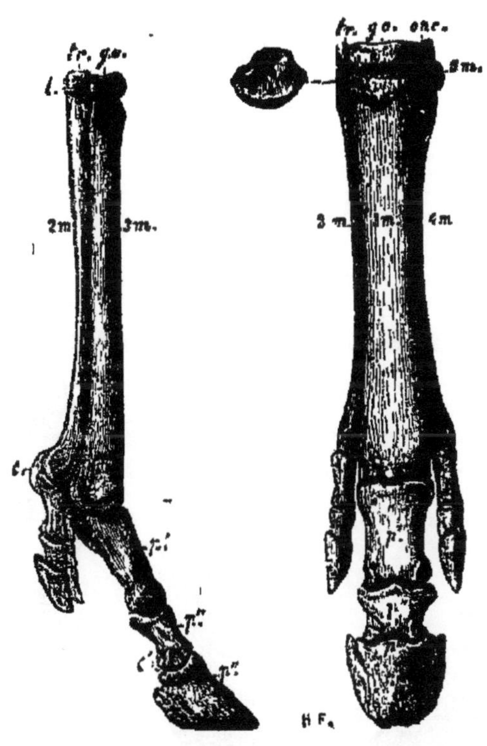

FIG. 14 et 15. — Patte de devant gauche d'*Hipparion gracile*, vue de face et du côté interne, à 1/5 de grandeur. On a représenté à part la face supérieure du troisième métacarpien. Mêmes lettres que dans les figures précédentes. — Miocene superieur de Pikermi.

Lorsque nous ne considérons que l'époque actuelle, nous avons de la peine à nous expliquer les stylets des pattes de. Chevaux qui sont sans fonction. Ces organes sans fonction sont incompréhensibles si on n'admet pas la doctrine de l'évolution ; en présence des pièces rudi-

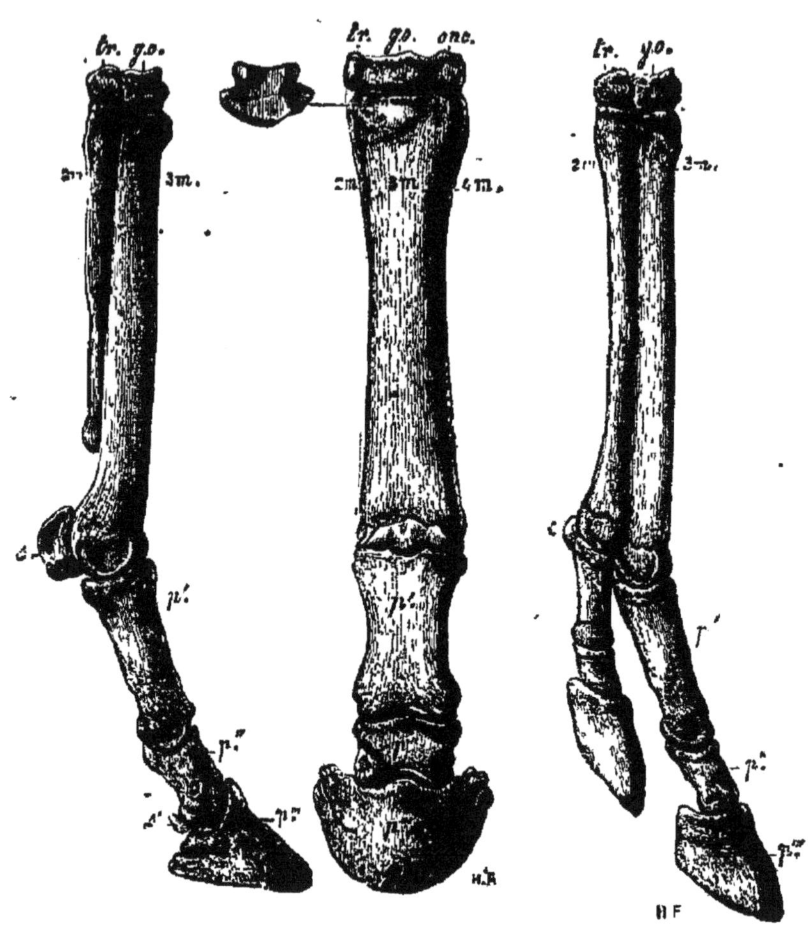

FIG. 16 et 17. — Patte de devant gauche d'un Cheval, vue de face sur le côté interne, à 1/5 de grandeur. On a représenté à part la face supérieure du troisième métacarpien. Mêmes lettres que dans les figures précédentes. — Époque actuelle.

FIG. 18. — Patte de devant gauche d'un Poulain né en Normandie, vue du côté interne, à 1/5 de grandeur. (D'après une pièce préparée par M. Goubaux. École d'Alfort.)

mentaires et inutiles, on est exposé à croire l'harmonie du monde organique en défaut ; mais pour nous, transformistes, qui regardons les espèces comme de simples modes transitoires, il nous importe peu de ne pas trouver tout réuni dans chaque phase des êtres dont le développement se poursuit à travers les âges géologiques : ce qui est inutile aujourd'hui a été utile hier ou le sera demain. Quand, avant le printemps, nous rencontrons un arbre dont les bourgeons ne s'épanouissent pas encore en un riche feuillage, nous ne nous en étonnons pas, car nous savons que ces bourgeons se développeront plus tard, et lorsque nous voyons se flétrir les pistils et les étamines des fleurs, nous n'accusons pas la nature d'imperfection, parce que nous pensons que la sève va se reporter sur des fruits précieux. Ainsi en est-il pendant la durée des âges : ici se montre un organe en apparence chétif et inutile, là se détruit un organe qui semblait fécond, mais ces naissances, ces atrophies ou hypertrophies ne sont que des évolutions par lesquelles le divin Artiste conduit à bien toute la nature.

Il est difficile de douter que nos Éléphants actuels aient été dérivés des Éléphants fossiles et qu'à leur tour ceux-ci aient été dérivés de leurs prédécesseurs, les Mastodontes. C'est d'après la forme des molaires qu'on a distingué les Mastodontes des Éléphants : dans les premiers, ces dents rappellent le type omnivore des Cochons ; elles sont formées de gros mamelons couverts d'une épaisse couche d'émail, de telle sorte qu'elles ont pu broyer les corps les plus durs ; au contraire, chez les Éléphants, les molaires, composées de collines très nombreuses et amincies au point d'avoir la forme de lames, sont disposées pour un régime herbivore ; mais, grâce surtout aux recherches de Crawfurd et de Falconer dans l'Inde, on connaît maintenant un grand nombre d'espèces fossiles de Mastodontes et d'Éléphants qui établissent une série d'intermédiaires entre les formes extrêmes des molaires ; la meilleure preuve que certaines espèces de Proboscidiens fossiles de l'Inde font la transition entre les deux genres, c'est qu'une même espèce a été rapportée par d'habiles naturalistes tantôt à l'Éléphant, tantôt au Mastodonte.

Comme les animaux qui se nourrissent de végétaux, ceux qui vivent principalement de chair et que, pour cette raison, on appelle les *Carnivores* ont été précédés dans les temps géologiques par des espèces dont la ressemblance est assez grande pour permettre de les regarder comme leurs ancêtres. La paléontologie nous montre des liens intimes entre les Chats, les Chiens, les Ours, les Civettes, les Hyènes, les Martres fossiles et les espèces actuelles. En outre, elle nous révèle des traits d'union entre quelques-uns de ces genres qui sont aujourd'hui très séparés les uns des autres. Par exemple, les Ours des temps actuels diffèrent des Chiens à bien des égards : ils sont plantigrades, et la grandeur de leurs dents tuberculeuses indique un régime plutôt omnivore que carnivore ; mais il y a eu, à l'époque tertiaire, des Chiens auxquels on a donné le nom d'*Amphicyon*, qui étaient

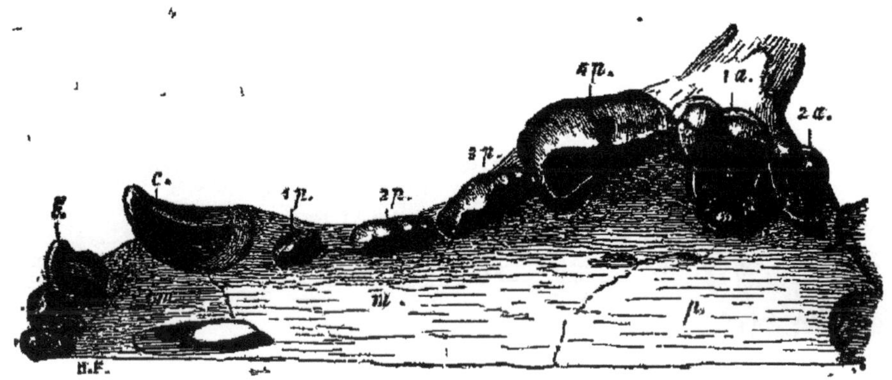

Fig. 19. — Côté gauche de la mâchoire supérieur du *Canis lupus*, vue sur la face palatine, aux 2/3 de grandeur : *i.*, incisives, *c.*, canine; 1 *p.*, 2 *p.*, 3 *p*, les trois premières prémolaires; 4 *p.*, quatrième prémolaire (carnassiere); 1 *a.*, 2 *a.*, les arrière-molaires (tuberculeuses); *i. m.*, intermaxillaire; *m.*, maxillaire; *p.*, palatin. — Époque actuelle.

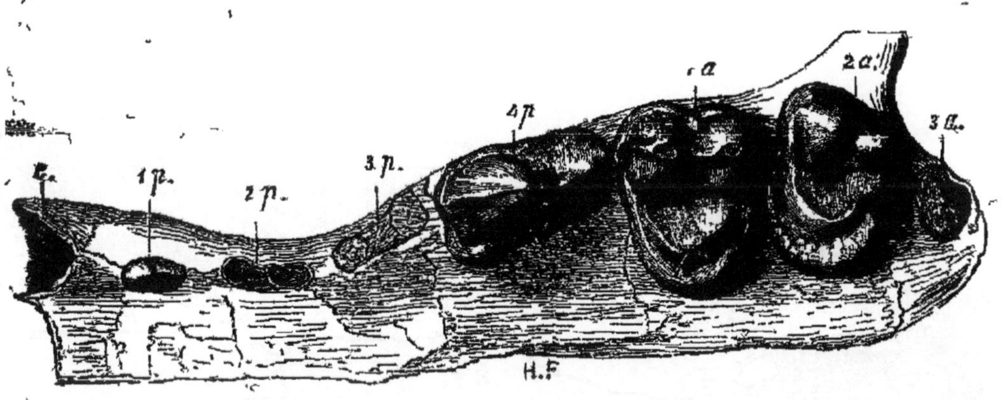

Fig. 20. — Côté gauche de la mâchoire supérieure de l'*Amphicyon major*, vue sur la face palatine, aux 3/5 de grandeur : C, alvéole de la canine; 1 *p* , première prémolaire; 2 *p.*, et 3 *p.*, alvéoles de la seconde et de la troisième prémolaire; 4 *p.*, quatrième prémolaire (carnassiere); 1 *a.*, 2 *a.*, 3 *a.*, les trois arriere-molaires (tuberculeuses). — Miocène moyen de Sansan.

plantigrades comme les Ours et dont les tuberculeuses présentaient plus de développement que dans les Chiens de notre époque ; les *Amphicyon*, qui étaient plus

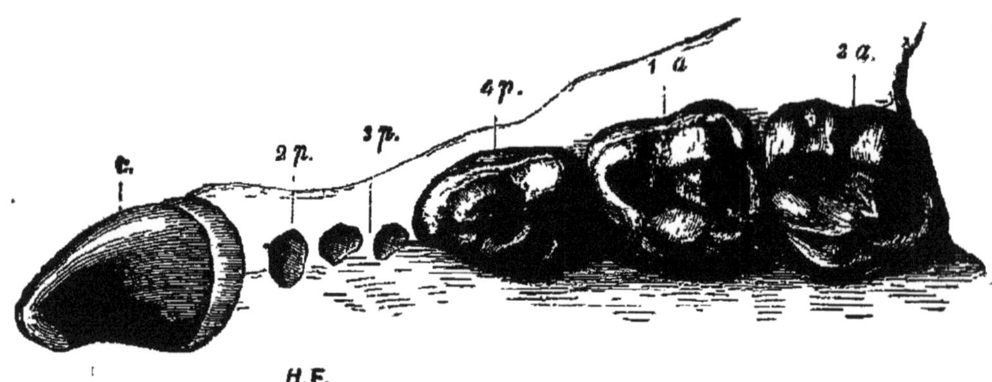

Fig 21. — Côté gauche de la mâchoire supérieure de l'*Hyænarctos sivalensis*, aux 3/5 de grandeur : *c.*, canine ; 2 *p* , 3 *p.*, alvéoles de la seconde et de la troisieme prémolaire ; 4 *p.*, quatrieme prémolaire (carnassière) ; 1 *a.*, 2 *a.*, les deux premières arrière-molaires (tuberculeuses). — Miocéne supérieur des collines Siwalik

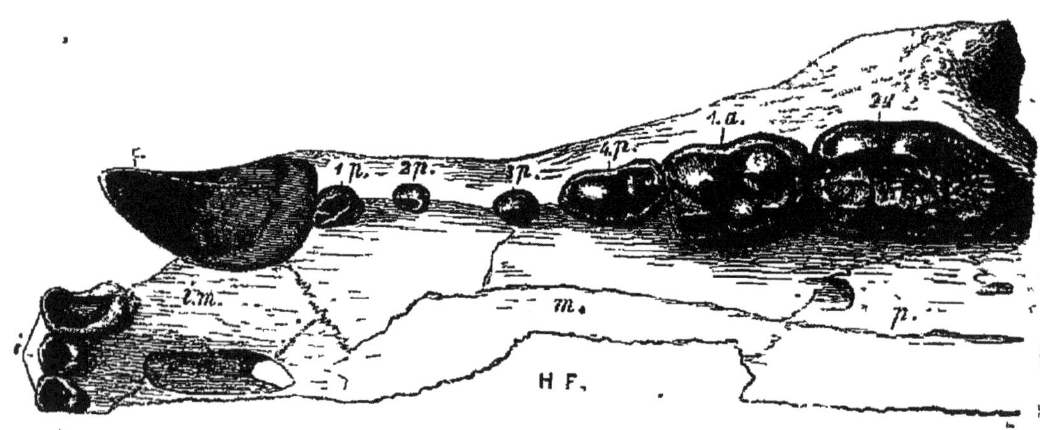

Fig. 22. — Côté gauche de la mâchoire superieure de l'*Ursus arvernensis*, aux 3/4 de grandeur : *i.*, incisives ; *c* , canine ; 1 *p.*, 2 *p* , 3 *p.*, 4 *p.*, les quatre prémolaires ; 1 *a.*, 2 *a.*, les arrière molaires ; *i. m.*, intermaxillaire ; *p.*, palatin. — Pliocene de Perrier.

Chiens qu'Ours, ont été remplacés par un genre voisin, l'*Hyænarctos*, plus Ours que Chien. On s'en convaincra en regardant les figures ci-jointes : j'ai représenté figure 19 une mâchoire de Chien et figure 22 une mâchoire d'Ours : leurs différences sont très grandes, puisque les dents du Chien sont des dents de vrai Carnivore et que celles de l'Ours ont plutôt l'aspect des dents d'Omnivores ; mais, si entre le Chien et l'Ours, on met l'*Amphicyon* (fig. 20) et l'*Hyænarctos* (fig 21), on voit se combler en partie l'intervalle qui les séparait.

Les animaux auxquels on a donné les désignations de *Cynodon* et de *Cynodictis* étaient des intermédiaires entre le Chien et la Civette. Sur trois espèces d'*Ictitherium* décourvertes à Pikermi en Grèce, l'une était plus Civette qu'Hyène, la seconde était moitié Hyène, moitié Civette, la troisième plus Hyène que Civette ; le même gisement renferme les restes d'une Hyène qui était quelque peu Civette.

Les Chats forment aujourd'hui un genre bien isolé, mais certains genres dont les restes gisent dans les couches tertiaires montrent que la famille des Chats n'a pas été toujours également séparée de la famille des Martres.

Les Quadrumanes aussi retrouvent leurs ancêtres parmi les êtres des temps géologiques. Ceux que l'on réunit aujourd'hui dans la section des Lémuriens ont été précédés par un genre que les découvertes d'un naturaliste de Bordeaux, Delfortrie, ont mis en lumière ; les rapports de ce Lémurien avec les Pachydermes sont si frappants à certains égards que Cuvier et Paul Gervais, en ayant étudié des morceaux isolés, les ont attribués à des Pachydermes; cette erreur de deux paléontologistes si éminents prouve bien les liens des Lémuriens avec les Ongulés; du reste MM. Alphonse Milne Edwards et Grandidier ont montré, dans leur ouvrage sur Madagascar, l'affinité de ces animaux considérés autrefois comme très éloignés les uns des autres. MM. Filhol et Ernest Javal ont découvert dans les phosphorites du Quercy des mâchoires de petits Pachydermes qui paraissent marquer des tendances vers la dentition des Singes; M. Gervais a signalé un autre Pachyderme dont les tendances vers les Singes sont encore mieux accusées; il lui a donné le nom de *Cebochœrus anceps* (animal Singe et Cochon). Le même naturaliste a décrit une mâchoire de Singe fossilisée dans le terrain tertiaire moyen de la Toscane dont les dents me semblent indiquer aussi des rapports avec les Pachydermes. Outre ces animaux de nature ambiguë, on en a recueilli plusieurs qui se rattachent d'une manière très manifeste aux genres des Singes actuels, par exemple le Pliopithèque de Sansan, tout voisin des Gibbons, et le Mésopithèque de Pikermi, qui avait une tête de Semnopithèque avec des membres de Macaque.

- Comme je viens de le rappeler, les découvertes paléontologiques révèlent des liens de parenté entre des animaux que les naturalistes attribuent à des espèces, des genres et même des ordres différents. Avons-nous trouvé plus que des liens de parenté? Connaissons-nous les paternités et pouvons-nous déclarer que telle espèce fossile est l'ancêtre directe de telle autre? Dans la plupart des cas, nous n'en sommes pas là. Il faut avouer que nous rencontrons une multitude de lacunes, lorsque nous cherchons à établir d'une manière rigoureuse les filiations des êtres anciens. Ce que nous savons est peu de chose comparativement à l'indéfinie richesse des formes enfouies dans le sein de notre terre, et ce serait grand hasard qu'ayant encore rassemblé seulement quelques anneaux des chaînes du monde organique, nous ayons justement mis la main sur les anneaux qui se suivent. Mais c'est déjà un curieux résultat que de découvrir des parentés là où nous n'apercevions que des entités isolées les unes des autres. Au milieu des difficultés qu'offre le groupement des êtres innombrables de la nature passée et présente, le moindre trait d'union devient précieux.

Nous avons déjà vu que la recherche des enchaînements des anciens êtres intéresse surtout les géologues, qui tâchent de reconnaître l'âge des terrains au moyen des fossiles qu'ils renferment. Si la doctrine de l'évolution est vraie, la détermination de l'âge des couches fossilifères deviendra un travail de raisonnement plutôt qu'un travail de mémoire. Du moment qu'il sera admis que, dans nos pays, les Mammifères ont eu un développement progressif, il pourra quelquefois suffire, pour déterminer l'âge d'un terrain, de considérer le degré d'évolution auquel sont parvenus les animaux dont il renferme les débris.

Mais nous devrons avoir soin de baser nos raisonnements sur le plus grand nombre d'espèces possible, attendu qu'il y a eu dans l'évolution des êtres une certaine inégalité ; encore de nos jours, à côté des Ruminants les plus modifiés, tels que les Gazelles, on voit des Ruminants tels que l'*Hyœmoschus*, qui ont peu dépassé le degré d'évolution des Pachydermes. On peut admettre comme loi générale que la longévité d'un type a été en proportion inverse de sa perfection ; les animaux dont les fonctions sont plus élevées ont nécessairement un organisme plus compliqué : puisqu'ils sont composés de pièces plus variées, ils ont plus de parties susceptibles de changements ; c'est donc chez eux qu'on peut le mieux surprendre les différences d'après lesquelles les naturalistes ont l'habitude d'instituer les espèces et les genres ; quand on passe d'un terrain à l'autre, on rencontre de plus nombreux changements dans la classe des Mammifères que dans les classes des animaux inférieurs. Mais, en dehors de cette loi générale d'après laquelle plus un être est élevé, plus il se montre changeant, on constate beaucoup de faits spéciaux d'inégalité dont la loi nous échappe encore totalement, de sorte que, si nous fondions des déterminatious de couches sur telle ou telle espèce isolée, nous serions exposés à nous méprendre sur le degré d'évolution de la faune de ces couches et par conséquent à nous méprendre sur leur âge.

Il faut aussi tenir compte des conditions locales. Les événements physiques ont exercé évidemment une influence. Par exemple, Darwin a montré que l'Océanie s'enfonce sous les eaux ; peut-être, par suite de cet abaissement, elle a été séparée de l'ancien monde à une époque très ancienne, et c'est pour cette raison qu'elle est habitée par des Marsupiaux dont l'état d'évolution ne dépasse point beaucoup celui dans lequel étaient les Mammifères européens vers la fin de l'époque secondaire. Au contraire, le nouveau continent est exondé depuis des temps tellement reculés que, géologiquement parlant, il devrait être appelé l'*ancien continent* ; il s'ensuit que l'évolution de ses Mammifères terrestres a pu être en avance sur celle des animaux de l'Europe. Pendant longtemps, une portion considérable de nos pays a été recouverte par la mer ; aussi les restes de Mammifères terrestres d'âge secondaire y sont très rares. Le commencement des temps tertiaires a été marqué par un vaste exhaussement ; la France n'a plus été cachée sous les flots de l'Océan, elle a pu recevoir les êtres terrestres et leur offrir une large hospitalité ; mais elle a été éprouvée plus d'une fois par les révolutions ; à diverses reprises, son sol s'est abaissé, laissant la mer reprendre une portion de son ancien domaine. Ces révolutions ont nécessairement interrompu le développement des animaux terrestres ; ils ont fui ou ont péri.

Les Herbivores ont apparu dans nos contrées à une époque relativement récente, peut-être parce que le règne des graminées est d'une date peu ancienne. De nos jours encore, il y des pays où les graminées réussissent difficilement. Toutes les personnes qui ont voyagé en Orient ont été frappées de la rareté des herbages. Dans l'île de Chypre, qui est très sèche, presque toutes les plantes deviennent si coriaces et si piquantes qu'elles rendent la marche pénible ; j'ai remarqué que les chiens y prennent souvent l'habitude de marcher en sautant pour éviter d'être piqués par les plantes, et les chiens à hautes pattes, comme les lévriers, sont ceux qui se propagent davantage. Il est possible que, pendant une partie des temps éocènes, quelques régions aient présenté le même aspect que les campagnes de l'île de Chypre.

Mais la rareté des herbages n'a pas été la seule cause qui a retardé l'arrivée des Herbivores ; ces animaux ont dû être gênés dans leurs courses par les bras de mer qui ont coupé notre pays ; au milieu des temps miocènes, il y avait encore des avances de l'Océan dans la vallée de la Loire et de la Gironde ; la mer occupait le territoire qu'arrose aujourd'hui le Rhône, traversait la Suisse, séparant les Alpes du Jura et constituant dans le centre de l'Europe une barrière entre les animaux du nord et ceux du sud. A l'époque du miocène supérieur, un exhaussement général du sol, qui a coïncidé sans doute avec le soulèvement principal des Alpes, a fait écouler une partie des eaux de la mer, et depuis ce moment, elles n'ont plus pénétré dans le milieu du continent européen ; il est permis de supposer que les vastes domaines laissés aux animaux terrestres ont favorisé le développement des grands troupeaux dont les dépôts d'Eppelsheim, de Pikermi, du Léberon ont révélé l'existence ; alors a apparu une faune d'une richesse incomparable. Mais sans doute l'exhaussement du sol s'est continué, et de là a pu résulter, vers la fin de l'époque pliocène, un abaissement de température qui a amené l'extension des glaciers et a fait disparaître un grand nombre de Quadrupèdes ; ainsi, tour à tour, les phénomènes d'exhaussement auraient facilité l'extension et la diminution des Mammifères.

Il ne faudrait pas cependant s'exagérer l'influence des milieux ; tout en reconnaissant que les circonstances physiques ont dû avancer ou retarder sur certains points l'évolution des êtres, on peut croire qu'en dépit des accidents locaux, l'ensemble du monde animal a poursuivi à travers les âges sa marche progressive. Les êtres organisés sont supérieurs aux corps inorganiques, et il n'est pas naturel de supposer que ceux-ci ont seuls réglé leur destinée. La preuve que les phénomènes physiques ne sont pas la cause principale des changements du monde organique, c'est que de nos jours plusieurs des contrées chaudes doivent être restées dans un état physique semblable à celui de la fin des temps miocènes et que pourtant présque toutes leurs espèces offrent des différences.

Outre ces applications à la géologie, l'étude de l'enchaînement des êtres paraît appelée à rendre quelques services à la philosophie, en jetant de la lumière sur une question qui, depuis bien des siècles, a agité les penseurs.

Parmi les hommes voués à l'étude de la nature, on observe deux tendances opposées :

Les uns (parmi ceux-là, il faut compter la plupart des disciples de Cuvier) croient que les espèces sont des entités immuables et qu'elles seules dans nos classifications ont une réalité objective ; pour eux, les notions de genres, d'ordres, de familles, de classes, ne sont que les produits de notre entendement, imaginés pour aider à nous reconnaître à travers la multitude des espèces. Lorsque ces savants emploient le mot de *famille naturelle*, ils ne le prennent pas dans son sens rigoureux ; à leurs yeux, les membres d'une famille ne représentent pas des espèces qui sont descendues les unes des autres, mais simplement des espèces qui ont des traits de ressemblance.

D'autres naturalistes (et parmi ceux-là, il faut compter la plupart des disciples d'Étienne Geoffroy Saint-Hilaire) supposent que les notions de genres, de familles, de classes, sont de même nature que les notions d'espèces et méritent la même attention. Partant de là, ils se complaisent dans les études de synthèse, dans la recherche des rapports généraux qui unissent les êtres, tandis que les disciples de Cuvier estiment surtout les travaux d'analyse.

Il me semble que ces opinions contradictoires sur la valeur des espèces et des genres doivent être vieilles comme la pensée humaine, car de tout temps il y a eu des philosophes qui, étant portés vers l'idéalisme, ont attribué une grande importance aux idées générales, et d'autres qui, inclinant vers le sensualisme, se sont attachés particulièrement aux faits d'observation et par conséquent à l'étude des individus. Nos divergences d'opinion sont un écho lointain des querelles fameuses qui, pendant tout le moyen âge, agitèrent nominalistes et réalistes. Les réalistes croyaient à la réalité des genres et n'admettaient pas la réalité des individus ; au contraire, les nominalistes disaient qu'il n'y a de réalité que dans les individus et que les genres ne sont que des noms. Les savants modernes ne discutent plus sur les individus, mais sur les collections d'individus ; l'idée de l'espèce, telle que l'entendent les partisans de son immutabilité, n'est pas une idée générale, c'est plutôt une idée collective, puisque l'espèce n'est qu'un assemblage d'individus semblables tirés des mêmes parents. On peut donc dire que nos discussions présentes sur la question des espèces ne sont pas très différentes de celles qui roulaient au moyen âge sur la question des individus ; les partisans de l'immutabilité des espèces se rapprochent des nominalistes, tandis que plusieurs des évolutionnistes actuels se rapprochent des réalistes.

Il ne faut pas s'étonner que les anciens philosophes aient été dans un extrême embarras pour raisonner sur les rapports des êtres entre eux, et que les conceptualistes aient fait de vains efforts pour établir un accord entre réalistes et nominalistes ; ni les uns ni les autres n'avaient rassemblé des faits d'observation sur lesquels ils pussent baser leurs hypothèses. Sans nier qu'il y ait des notions conçues par la raison pure, nous devons admettre que, lorsqu'il s'agit d'êtres matériels, comme ceux qui sont l'objet le plus habituel des études des naturalistes, nos sens sont des moyens de perception indispensables : les observations sont les points de départ de nos raisonnements. Or, les paléontologistes ont déjà rassemblé diverses observations dont les philosophes modernes peuvent profiter.

Par exemple, la paléontologie révèle qu'un nombre indéfini d'individus se sont succédé pendant l'immensité des âges géologiques. On ne peut pas contester, ainsi que plusieurs des anciens réalistes auraient été disposés à le faire, qu'à un moment donné ces individus aient eu une réalité. Seulement, dans l'individu il faut distinguer le commencement et la fin. La fin, c'est la parfaite individuation ; je me garderai de le nier, car ce serait nier les évidences dont nous sommes témoins chaque jour, et peut-être risquer d'être entraîné à douter de la personnalité humaine. Mais à son origine, l'individuation n'est pas manifeste ; en remontant plus ou moins loin dans la série des développements embryogéniques, nous arrivons à un moment où l'enfant n'est pas distinct de sa mère. Et lorsqu'au lieu de considérer les êtres les plus élevés, nous tournons nos regards vers le bas de l'échelle zoologique, par exemple vers les Coralliaires, les Médusaires à génération alternante, les Sarcodaires, il nous paraît souvent difficile d'affirmer si nous avons devant nous un individu unique ou un assemblage d'individus.

Comme les individus, les collections d'individus auxquelles on donne le nom d'*espèces* ont, à un certain moment, une réalité : ce ne sont pas de chimériques inventions des naturalistes ; elles ont quelque fixité, car aussitôt que des animaux ont pris des caractères un peu différents, ils cessent de s'unir, ou bien, s'ils s'unissent, ils donnent des produits qui ne sont pas féconds.

Est-ce à dire pourtant que jamais les parents des êtres d'espèces différentes n'aient été rapprochés ? Quand nous voyons apparaître tour à tour dans les âges géologiques des espèces qui ont une extrême ressemblance, pouvons-nous marquer avec précision le moment où l'une finit, où l'autre commence ? On ne saurait le prétendre, puisque les observateurs les plus consciencieux et les plus expérimentés sont continuellement en désaccord sur la limite des espèces : là où celui-ci voit une espèce, celui-là ne voit qu'une race. Avant que les animaux aient été assez modifiés pour prendre des caractères divergents, ils ont pu s'unir entre eux. Tant que nous ne considérons que les coquilles fossiles, nos comparaisons portent sur un si petit nombre de caractères qu'il nous est possible d'hésiter à affirmer leur communauté d'origine ; mais, quand nous étudions des mammifères, qui ont un squelette très compliqué, il n'en est plus de même ; prenons une espèce fossile, comparons-la avec une espèce vivante qui est son analogue, mettons les têtes à côté des têtes, les vertèbres à côté des vertèbres, les humérus à côté des humérus, les radius à côté des radius, les fémurs à côté des fémurs, les pattes à côté des pattes, etc. ; souvent la somme des similitudes se montrera si grande, proportionnellement à celle des différences, que l'idée de parenté s'imposera à notre esprit. Vainement voudrait-on nous montrer quelques légères nuances pour nous faire douter de cette parenté. Nous voyons trop de traits de ressemblance pour admettre qu'ils puissent être tous mensongers.

En même temps que la notion de l'immutabilité des espèces s'affaiblit dans l'esprit des paléontologistes, la notion des genres prend de l'importance. J'ai rapporté de mes voyages en Grèce une multitude d'os de Rhinocéros fossiles ; je les compare à ceux des Rhinocéros vivants, et, en présence de leur similitude, je ne sais plus où marquer la limite des espèces de rhinocéros. Mais ce que je sais bien, c'est que ces espèces sont au genre Rhinocéros ; la notion du genre Rhinocéros n'est pas le résultat de ma propre imagination ; elle n'est pas plus subjective que la notion de l'espèce, car de même qu'à un moment donné il y a des Rhinocéros que tout naturaliste s'accordera à regarder comme d'espèces distinctes, il y a des séries d'animaux que tout naturaliste s'accordera à rapporter au genre Rhinocéros. Un de nos plus grands paléontologistes a dit : « Pourquoi l'espèce, si difficile à distinguer de la race, est-elle choisie de préférence au genre ou à l'ordre pour représenter une entité réelle et objective ? Quelle preuve apporter de la légitimité de ce choix ? » A ces paroles si justes de M. de Saporta, on peut ajouter celles-ci d'un autre paléontologiste également habile, Raoul Tournouër : « Les unités zoologiques plus élevées que nous appelons genres ou familles ont toutes leur histoire : elles naissent, grandissent et meurent ; elles vivent d'une vie aussi certaine que la vie de l'individu. »

Il me semble que Tournouër a bien fait d'appliquer aux familles ce qu'il a dit des genres : je place à côté les uns des autres le Rhinoceros, l'*Acerotherium*, le *Palæotherium*, le *Paloplotherium*, l'*Anchitherium*, l'*Anchilophus* ; je n'hésite pas à les rapporter à une même famille naturelle, et je ne crois pas la notion de famille plus subjective que celle des genres et des espèces, car je suis certain qu'elle se présenterait à l'entendement de tout observateur qui voudrait entreprendre les mêmes comparaisons minutieuses que j'ai faites. On pourra sans doute appliquer un semblable raisonnement aux classes plus élevées du monde animal. Et de même que, dans la vie des espèces et des individus, il faut distinguer le commencement et la fin, il faut aussi dans les familles distinguer le commencement et la fin : le commencement où il y a union, la fin où il y a séparation. C'est ainsi qu'on peut s'expliquer comment les familles sont aujourd'hui si divergentes et donnent une si merveilleuse diversité aux spectacles de la nature actuelle, tandis qu'à mesure qu'on remonte dans les âges géologiques, on voit les familles moins tranchées, composées de genres dont les caractères sont mixtes.

Les personnes qui ont étudié la succession des espèces fossiles trouvent entre elles tant de points de ressemblance que, même en étant opposées à la doctrine de l'évolution, elles admettent volontiers que beaucoup d'espèces auxquelles les classificateurs ont donné des noms différents ont pu être dérivées les unes des autres. Suivant leur opinion, les naturalistes se seraient mépris sur la valeur des espèces ; ce ne serait pas l'espèce qui représenterait une entité primordiale, ce serait le genre ou même la famille. L'Auteur de la nature aurait fait des types auxquels il aurait donné une certaine somme de force qui, en s'épuisant peu à peu dans des générations

successives, aurait produit une série de dégradations :
par exemple, quand, en suivant les animaux ongulés à
travers les âges géologiques, on croit remarquer que des
Pachydermes à pattes compliquées sont devenus des
Ruminants dont les pattes sont réduites à un petit nombre
d'os, on serait porté à supposer la création d'un Pachyderme dans lequel aurait été déposée une somme de
force qui, en diminuant peu à peu, aurait amené la
simplification des membres et ainsi produit plusieurs
espèces.

Cette hypothèse pourrait paraître suffisante si l'histoire
des époques géologiques nous montrait uniquement des
séries de dégradations. Mais il y a eu également des augmentations. Par exemple, l'exagération du type Rhinocéros se voit dans le *Rhinoceros tichorhinus;* celle du type
Éléphant dans l'*Elephas primigenius ;* celle du Cerf dans
le *Cervus megaceros;* celle du *Machairodus* dans le *Machairodus smilodon ;* ces exagérations, qui marquent en réalité
l'apogée du développement d'un type, ne se sont produites que longtemps après l'époque où les genres que
je viens de citer ont apparu sur la terre : ainsi donc l'histoire de certains genres offre des exemples de tendance
vers l'individuation. Les Éléphants actuels de l'Inde ont
leurs molaires formées de collines plus nombreuses que
les premiers Éléphants fossiles ; ceux-ci ont eu également
des collines plus nombreuses que les Mastodontes dont
il y a tout lieu de les croire dérivés. Les Tapirs et les

Rhinocéros ont leurs prémolaires plus compliquées que les *Lophiodon* et les *Paloplotherium*, leurs prédécesseurs. Nos Rats actuels ont à leurs prémolaires un mamelon de plus que leurs parents miocènes les *Cricetodon*. Nos Lièvres ont plus de dents que leurs ancêtres les *Titanomys*. Quand nous voyons les *Acerotherium*, dont les pattes de devant ont quatre doigts, succéder aux *Palæotherium*, qui ont des pattes à trois doigts, nous pouvons supposer qu'ils proviennent de quelque animal à quatre doigts encore inconnu, voisin des *Palæotherium;* toutefois il est permis de croire également que les animaux à trois doigts comme les *Palæotherium*, habitant dans un pays marécageux, ont eu besoin d'avoir des pattes larges et ont pris un doigt de plus. Dans les mêmes Pachydermes où les pattes se sont simplifiées pour devenir les pattes fines des Ruminants et des Solipèdes, les dents ont subi des augmentations, car les denticules des molaires se sont plus développés en hauteur et en largeur chez les Herbivores que chez leurs ancêtres présumés, les Omnivores.

Bien que les Mammifères soient en diminution depuis l'apparition de l'Homme sur la terre, ils offrent encore aujourd'hui des phénomènes d'augmentation; il y a dans les Pyrénées une race de Chiens où les pattes de derrière ont six doigts et où les cunéiformes sont au nombre de quatre. M. Goubaux m'a montré dans la collection de l'École vétérinaire d'Alfort une patte de Cochon où le premier doigt porte un grand métacarpien, une première, une seconde et une troisième phalanges. M. le D⟨r⟩ Magitot[1] a cité des exemples d'augmentation dans les dents.

En réalité, l'histoire de la nature présente dans ses variations indéfinies des séries d'augmentations aussi bien que de diminutions. L'hypothèse que j'indiquais tout à l'heure rend compte difficilement de ces augmentations de force. Le mieux est sans doute de croire que la création du monde est continue; quand nous considérons l'espèce, le genre, la famille, l'ordre, il nous est impossible de dire quelle est celle de ces catégories qui indique davantage une intervention de la puissance créatrice.

Je soumets ces remarques aux hommes qui s'intéressent à la question longtemps controversée des genres et des espèces. Peut-être, si le moyen âge eût connu l'histoire de la succession des êtres fossiles, les philosophes se seraient épargné des discussions où, pendant des centaines d'années, tant de talent a été dépensé sans résultat : l'idée de la réalité des genres, que le génie des réalistes du moyen âge et des idéalistes de toutes les époques a su entrevoir, n'a été bien souvent que le résultat des ressemblances d'êtres dérivés les uns des autres, parents à des degrés divers.

S'il appartient aux paléontologistes d'apporter des preuves à la doctrine de l'évolution, il ne leur appar-

---

1 Magitot, *Anomalies du système dentaire chez l Homme et les Mammifères.*

tient pas- d'expliquer les procédés par lesquels l'Auteur du monde a produit les modifications. Cette étude des procédés est, nous l'avons vu, ce qu'on appelle le *darwinisme*, du nom du savant illustre qui en a été le principal promoteur. Assurément c'est un sujet bien digne de l'attention des naturalistes·que l'étude des causes des modifications des êtres ; mais c'est aux physiologistes, qui font des expériences sur, les créatures vivantes, de nous apprendre comment les changements se produisent aujourd'hui et ont dû se produire autrefois ; en employant une expression de Claude Bernard, je dirai que c'est à eux de nous faire connaître le *déterminisme* des espèces, des genres, des classes, c'est-à-dire, les causes secondes qui ont déterminé leur formation. Sur ce sujet, un paléontologiste peut avouer son ignorance. Tout ce que nous pouvons dire, c'est que la découverte des vestiges enfouis dans les entrailles du globe nous apprend qu'une constante harmonie a présidé aux transformations du monde organique. Quels que soient les fossiles dont nous entreprenions l'étude, la beauté de la nature se révèle à nous.

Cette beauté de la nature, qui apparaît à toutes les époques, est le secret de l'entraînement que subissent tant de géologues dont la vie est vouée aux recherches paléontologiques et dont l'esprit trouve dans ces recherches un charme toujours renaissant. Lorsque Georges Cuvier put dans sa pensée redonner l'existence aux Quadrupèdes du gypse de Paris, il dut éprouver de singuliers mouvement d'étonnement et de plaisir ; là où s'étend aujourd'hui notre grande ville, il pensait voir des lacs où se baignaient les *Anoplotherium ;* sur leurs rives bordées de palmiers, il apercevait des *Palæotherium* d'espèces et d'allures variées, s'entre-croisant avec les *Chæropotamus,* les *Dichobune ;* d'élégants *Xiphodon* et des *Amphimeryx* couraient dans les plaines ; à côté d'eux, de plus petits animaux de différents ordres contribuaient à donner de la diversité aux paysages : c'étaient des Écureuils, des Sarigues, des Chauves-souris et même des Quadrumanes. Quand MM. Kaup et de Klipstein remirent au jour à Eppelsheim le gigantesque et étrange *Dinotherium* avec le Mastodonte au long menton, l'*Hipparion,* d'énormes Sangliers, le *Machairodus* à canines en forme de poignard, ils éprouvèrent une jouissance dont leurs écrits portent la vive empreinte.

J'ai compté parmi les meilleurs moments de ma vie les mois que j'ai passés dans le ravin de Pikermi à extraire les débris des Quadrupèdes qui ornaient autrefois les campagnes de la Grèce.

Après avoir fait des fouilles au pied du Pentélique, j'en ai entrepris aussi dans une montagne de la France, le mont Léberon. Là également j'ai passé de bons moments dans la solitude de la nature, retrouvant les créatures charmantes ou majestueuses qui animèrent nos contrées, alors que la voix de l'Homme n'en avait pas encore fait retentir les échos ; aussi bien qu'en Grèce, au milieu d'immenses troupeaux d'Hipparions, de Trago- cères, de Gazelles, qui réalisaient dans le monde animal le type de la beauté, on voyait le *Dinotherium* et l'*Hel- ladotherium*, qui réalisaient l'idéal de la grandeur.

Je ne crois pas que mes impressions personnelles sur les magnificences du monde fossile soient bien diffé- rentes de celles qu'ont ressenties tant d'autres natura- listes qui ont, comme moi, ou mieux que moi, exploré les couches où sont enfouis les Mammifères tertiaires. Falconer et Lydekker au pied de l'Himalaya, l'abbé Croizet, M. Aymard, Bravard et M. Pomel en Auvergne, Lartet et Laurillard à Sansan, Marcel de Serres, de Christol et Paul Gervais à Montpellier, MM. Rütimeyer et Cartier à Egerkingen, M. Fraas à Steinheim, M. Al- phonse Milne Edwards à Saint-Gérand-le-Puy, M. Suess à Baltavar; M. Villanova à Concud, MM. Filhol et Javal dans le Quercy, M. Lemoine à Cernay, MM. Hayden, Marsh, Cope dans les *Western Territories*, et d'autres encore, qui ont eu l'occasion d'étudier les plus riches gisements de Mammifères, n'ont pas remué sans plaisir et sans admiration les dépouilles des êtres qui vécurent autrefois.

Des trésors de poésie sont enfouis dans l'écorce de notre globe. Combien d'hommes qui ont soif du beau auraient de douces jouissances s'ils se mettaient à la recherche des sources mystérieuses de la vie ! Combien s'en vont par des chemins où il cueilleront des fruits insipides et quelquefois amers qui seraient heureux en scrutant les merveilles de la nature ! A ces hommes, je dirai : Venez nous aider, notre science a de quoi charmer les âmes des artistes aussi bien que les âmes des philosophes.

IV

PIKERMI

I

En 1853, au retour d'un voyage en Orient, je m'arrêtai dans la ville d'Athènes. Les Grecs d'aujourd'hui, avides de nouvelles comme au temps d'Alcibiade, s'entretenaient des animaux fossiles découverts en 1836, près du mont Pentélique.

Un chasseur vint à Athènes annoncer cette découverte. Un savant distingué de Munich, Andreas Wagner, décrivit le premier les ossements de l'Attique. Plus tard, un autre naturaliste de la même ville, M. Roth, entreprit en Grèce d'importantes recherches ; il s'unit avec Andreas Wagner pour publier la description d'un grand nombre de fossiles. De leur côté, les Athéniens ne négligèrent point les richesses géologiques qu'on venait de découvrir. Cherétis, directeur de la Pépinière royale d'Athènes, et M. Mitzopoulos, professeur d'histoire naturelle à l'Université, trouvèrent eux-mêmes de précieux débris.

M. le baron Forth-Rouen était alors ministre de France ; il eut la bonté de me conduire au gîte des ossements, près d'une ferme nommée Pikermi, au pied du mont Pentélique. Nous étions accompagnés de M. Amédée Damour, jeune Français qui s'est associé à mes divers travaux en Orient, et de M. Cherétis.

En étudiant Pikermi, je reconnus que les ossements fossiles avaient été déposés en couches par un ancien torrent, et comme les dépôts de ce genre peuvent couvrir de vastes étendues, je pensai qu'il y avait tout lieu d'entreprendre des fouilles sur une grande échelle (fig. 23).

Lorsque je revins en France, je rendis compte de mes observations : l'Académie des sciences voulut bien me charger d'une mission dans l'Attique, et bientôt je repartis pour ce pays, accompagné de M. Gustave Huzar, membre de la Société géologique de France.

Ce qui distingue surtout la montagne du Pentélique, c'est l'élégance des formes, c'est aussi l'abondance des marbres précieux. Le Pentélique est un des principaux ornements de la plaine athénienne. Cette plaine est bornée à l'ouest par l'Icarus et le Parnès, qui ont leurs cimes

Fig. 23. — Coupe du ravin de Pikermi.

couronnées d'arbres verts, à l'est par l'Hymette, dont les petites plantes fournissent aux abeilles un miel fameux depuis l'antiquité. Au centre, la ville d'Athènes se developpe entre les collines des Muses, les monticules du Parthénon et du Lycabète. Enfin le fond du tableau est occupé par le Pentélique, qui figure un immense fronton.

Pour nous rendre à Pikermi, nous nous dirigeons au nord-est d'Athènes ; quand nous sommes à peu près à moitié chemin entre cette ville et Marathon, nous apercevons un torrent bordé de lauriers-roses qui descend du mont Pentélique. Nous le remontons, et bientôt nous apercevons des cahutes où habitent quatre ou cinq familles de bergers : voilà Pikermi ; c'est là que nous devons planter notre tente, installer le campement de nos ouvriers et de nos soldats.

Nos soldats, ah ! sur cette terre de Grèce que le génie antique avait rendue presque divine, pourquoi a-t-il fallu des soldats pour protéger un humble naturaliste contre les brigands ? Les brigands de la Grèce n'étaient pas d'ailleurs des voleurs vulgaires ; ils ne vous pillaient pas, ils vous emmenaient dans la montagne, et ils écrivaient à Athènes que si, tel jour. contre tel rocher, on n'avait pas apporté une rançon (qui s'élevait quelquefois à plus de vingt-cinq mille francs), ils vous couperaient les oreilles ou vous tueraient. J'ai été trois fois en Grèce ; mon second voyage a coïncidé avec l'époque où le brigandage était dans sa plus grande activité ; pourtant, nous en avons été quittes pour des coups de feu envoyés hors de portée.

Nos plus grands ennemis en réalité ne furent pas les brigands, ce furent les fièvres intermittentes. Presque chaque semaine, il fallait remplacer des ouvriers qui avaient été atteints par les fièvres.

La vue de ces pauvres gens qui étaient venus à mon service contracter des maladies jetait quelque tristesse sur notre séjour. Nous ne trouvions pas constamment des richesses ; il y avait des semaines d'insuccès, de décou-ragement. Mais, quand nous avions fait une belle découverte, quel bonheur ! Pour la célébrer, je distribuais à mes compagnons du vin résiné et du miel de l'Hymette ; on allait abattre les branches d'un vieux pin, et l'on faisait rôtir un mouton entier, comme au temps d'Homère : c'est ce qu'on appelle un *mouton à la Palikare*. Autour du foyer pétillant, bergers, soldats et ouvriers se rassemblaient ; et, tandis que les uns dansaient. les autres, selon la mode albanaise, chantaient et marquaient la cadence en frappant dans leurs mains : nos petites fêtes ne manquaient pas de poésie. Je voudrais pouvoir persuader à mes amis d'aller à leur tour dresser leurs tentes sur les bords du ravin de Pikermi : le ciel de la Grèce est si doux, la brise qui vient de la plaine de Marathon apporte au voyageur de si nobles souvenirs ! Puis, dans les débris du monde géologique, il y a, on va le voir, une étrange majesté qui séduit et grandit l'âme.

Je commençai par faire découvrir la couche des ossements sur une certaine étendue, afin d'en reconnaître la
disposition. Lorsque ce travail fut achevé, quelle ne fut
pas ma déception de voir le banc des fossiles s'amincir,
puis disparaître ! Cependant mes études m'avaient donné
la conviction que les accumulations d'ossements devaient
se retrouver en plusieurs points sur la direction du courant qui les avait déposés : j'entrepris donc de nombreuses recherches aux environs, et bientôt je découvris
un nouveau gisement. Les ouvriers n'étaient pas occupés
depuis deux jours à le sonder, qu'un enfant m'apporta
des ossements recueillis très près de là, au niveau des
eaux du torrent. Ce fut une bonne fortune, et pour le
pauvre enfant qui vit dans ses mains plus de pièces blan-
ches qu'il n'en avait sans doute jamais contemplé, et
pour moi, qui obtins ainsi de vrais trésors géologiques.
On apercevait d'énormes ossements au fond même du
ruisseau. Les ouvriers détournèrent le cours des eaux
pour travailler en lieu sec. Tout alla bien, tant que le ciel
conserva sa sérénité. Malheureusement un orage vint
détruire notre œuvre; le ruisseau, changé en un torrent
furieux, roulait des blocs de rochers, déracinait les arbres
et les entraînait au loin ; l'aspect du ravin fut complètement modifié, et les eaux remplirent dès lors l'espace
où nous trouvions le plus grand nombre d'ossements.

Malgré ces accidents, les fouilles exécutées à Pikermi
donnèrent de très bons résultats, et je dois rendre jus-

tice au concours que j'ai trouvé dans les ouvriers placés sous ma direction. Pendant toute la durée des travaux, ces braves gens firent preuve d'une rare intelligence et d'un grand courage; ils savaient ménager leurs coups de pioche de manière à préserver les fossiles qu'ils découvraient, et aussitôt qu'une pièce d'un aspect insolite apparaissait dans la roche, leur attention redoublait, leur prudence devenait extrême. Ils parvenaient même à raccorder assez bien les fragments des ossements qu'ils avaient brisés. Enfin les plus habiles d'entre eux pouvaient dire les noms de nos espèces les plus communes. Au surplus, l'intelligence que j'ai rencontrée dans mes ouvriers se retrouve chez la plupart des Grecs : la perspicacité et la finesse sont un des traits particuliers du peuple hellénique. Dans les hameaux les plus pauvres, les plus retirés, on trouve des habitants qui, sous des habits grossiers, ont des manières aisées et quelque instruction : ils connaissent les antiquités et les particularités remarquables de leurs environs. Combien ai-je passé d'agréables soirées dans des cabanes plus misérables que nos dernières masures de France, apprenant de mes hôtes des détails curieux sur leur vie, leurs mœurs, les productions et les petites industries de leurs pays! Je comparais la vivacité de ces hommes avec l'indolence des populations parmi lesquelles j'avais vécu dans les contrées musulmanes. Je ne crois pas qu'aucun juge impartial hésite à reconnaître chez les Grecs modernes un peuple éminemment spirituel et d'une aptitude singulière à tout ce qu'il voudrait entreprendre.

II. *On ne rencontre aujourd'hui dans aucune contrée un rassemblement d'animaux gigantesques comparable à celui de Pikermi.*

L'Attique a dû subir de grands changements dans sa configuration, depuis l'époque où ont vécu les animaux dont les restes sont accumulés à Pikermi[1]. Elle n'est aujourd'hui qu'un lambeau de terre montagneux, long de vingt lieues sur dix de large. Que ce lambeau ait passé pour le séjour des dieux, qu'il ait vu briller les plus beaux génies de l'antiquité, cela ne saurait surprendre; mais les Quadrupèdes nombreux et gigantesques des âges géologiques ont exigé de plus vastes espaces, et ils ont trop de ressemblance avec les espèces des déserts africains pour que leur existence ait été possible en Grèce dans dès conditions analogues aux conditions actuelles. Sans doute, autrefois les régions que recouvrent les flots de l'Archipel

---

[1] Les faunes fossiles de Baltavar, du Léberon, d'Eppelsheim appartiennent à la même époque que celle de Pikermi, c'est-à-dire à l'époque du miocène supérieur. Les découvertes de l'habile et infatigable explorateur du Cantal, M. Rames, ont fait connaître au Puy-Courny, près d'Aurillac, un gisement de même âge dont la position est très bien fixée par les coquilles du miocène moyen qu'on trouve dans la formation sous-jacente et par les plantes du pliocène inférieur qui ont été recueillies dans des cinérites volcaniques situées au-dessus des sables à ossements.

étaient des plaines sans limites qui unissaient l'Europe à
l'Asie.

Il faut croire que les campagnes étaient, non seulement plus vastes, mais aussi plus riches que de nos jours.
Les chaînes de marbre du Pentélique, de l'Hymette, du
Laurium ne portent le plus souvent que d'humbles
herbes bonnes à nourrir les abeilles ; il est probable que,
dans les anciens temps, il y avait, au delà de ces arides
montagnes, des vallées d'une végétation luxuriante où
de grasses prairies alternaient avec des bois magnifiques,
car la fécondité du règne animal fait supposer nécessairement celle du règne végétal.

Les paysages étaient animés par les Mammifères les
plus variés : ici des Rhinocéros à deux cornes et d'énormes Sangliers ; là des Singes gambadant parmi les rochers,
ou des Carnassiers de la famille des Civettes, des Martres
et des Chats guettant leur proie : les antres de marbre du
Pentélique servaient d'habitation aux Hyènes ; de même
que les Couaggas et les Zèbres d'Afrique, les Hipparions
couraient en troupes immenses dans les plaines. Non
moins rapides qu'eux et plus élégantes encore, les Antilopes composaient également de grandes bandes. Chaque
troupeau d'espèce différente se reconnaissait à la forme
des cornes ; celles des *Palæoreas* se tournaient en spirale,
comme chez le Canna du Cap. (fig. 24) ; celles des *Antidor-
cas* se courbaient ainsi que les branches d'une lyre ; elles
étaient longues et arquées chez les *Palæoryx ;* sur d'autres

Antilopes, elles étaient pareilles aux cornes des Gazelles, et sur les *Tragocerus*, elles simulaient la disposition propre

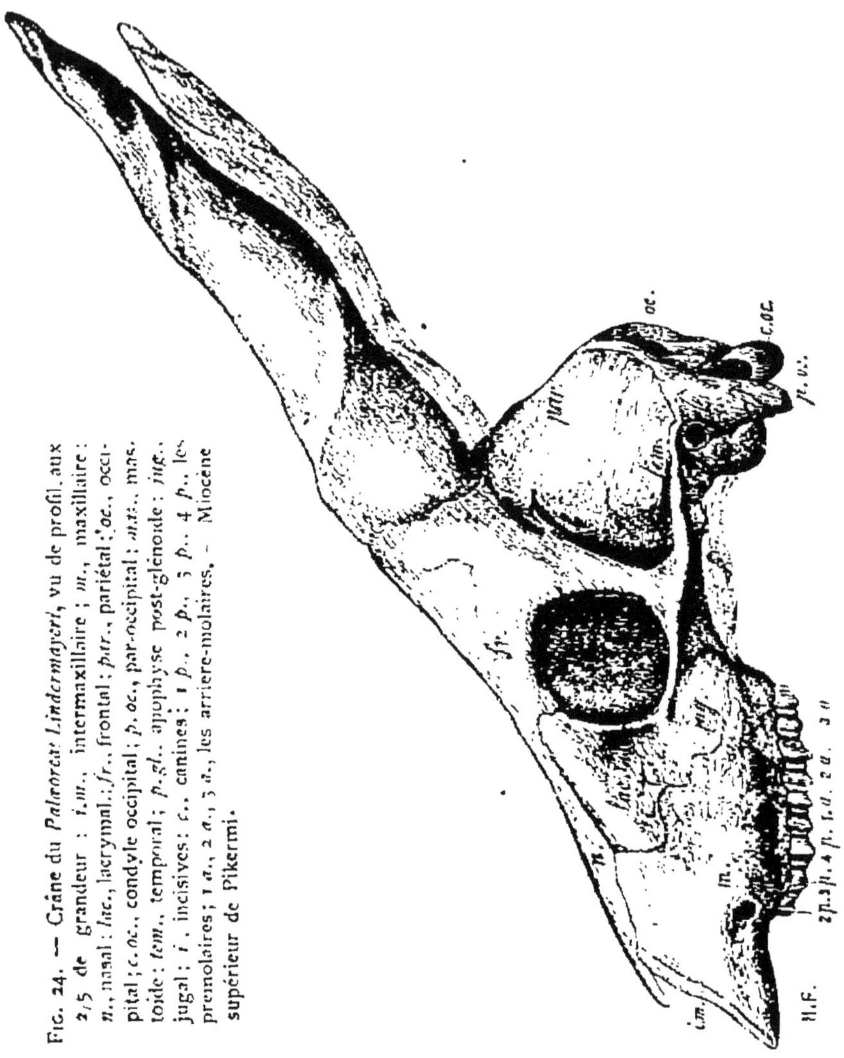

Fig. 24. — Crâne du *Palaeoreas Lindermayeri*, vu de profil, aux 2/5 de grandeur : *i.m.*, intermaxillaire ; *m.*, maxillaire : *n.*, nasal ; *lac.*, lacrymal ; *fr.*, frontal ; *par.*, pariétal ; *oc.*, occipital ; *c.oc.*, condyle occipital ; *p.oc.*, par-occipital ; *mx.*, mastoïde : *tem.*, temporal ; *p.gl.*, apophyse post-glénoïde ; *jug.*, jugal ; *i.*, incisives : *c.*, canines ; 1 *p.*, 2 *p.*, 3 *p.*, 4 *p.*, les prémolaires ; 1 *a.*, 2 *a.*, 3 *a.*, les arrière-molaires. — Miocène supérieur de Pikermi.

aux Chèvres : le *Palaeotragus* se distinguait par ses proportions grêles et sa tête étroite, dont les cornes étaient

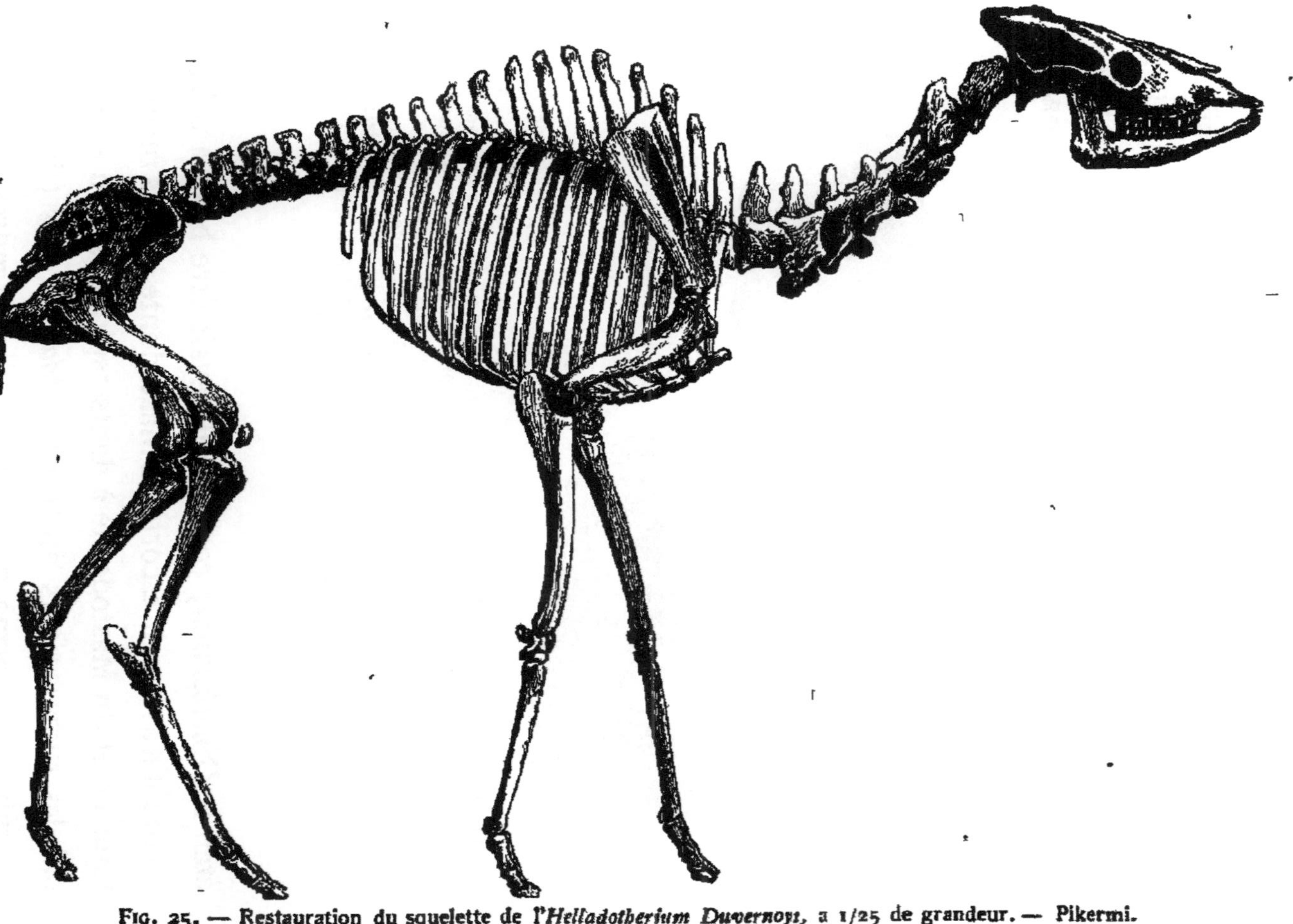

Fig. 25. — Restauration du squelette de l'*Helladotherium Duvernoyi*, a 1/25 de grandeur. — Pikermi.

posées sur les yeux. L'*Helladotherium* (fig. 25) et une
Girafe voisine de la Girafe actuelle dominaient au milieu
de ces Ruminants. L'Édenté aux doigts crochus que j'ai
proposé d'appeler *Ancylotherium* était aussi une bête
imposante; mais le plus majestueux de tous les animaux

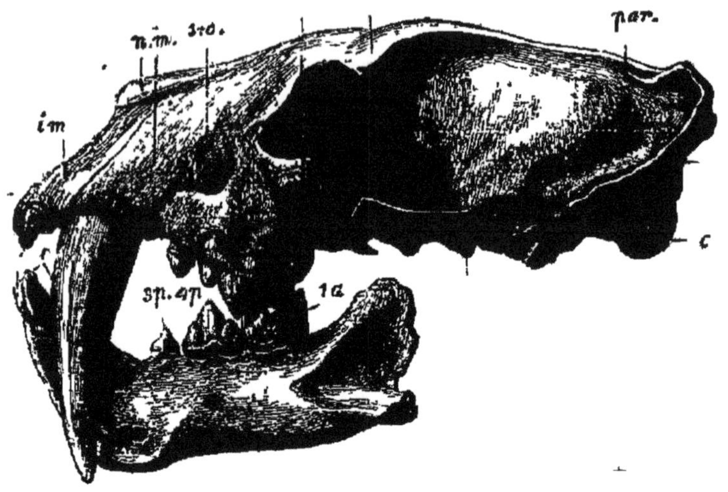

Fig. 26. — Tête du *Machairodus megantbereon*, vue de profil, à 1/3 de grandeur : *i.*, incisives ; *c.*, canines ; 3 *p.*, troisieme prémolaires ; 4 *p.*, quatriemes prémolaires ; celle de la mâchoire superieure représente la carnassiere ; 1 *a.*, première arrière-molaire inférieure (carnassiere); *i.m.*, intermaxillaire; *m.*, maxillaire : s *o.*, trou sous-orbitaire ; *n.*, nasal ; *j.*, jugal ; *fr.*, frontal ; *par.*, pariétal ; *t.*, temporal ; *zyg.*, arcade zygomatique ; *oc.*, occipital ; *c.*, condyle occipital ⸱ Pliocène de Perrier, près d'Issoire.

était le *Dinotherium ;* combien il devait être beau à voir,
lorsqu'il s'avançait escorté du Mastodonte à dents mamelonnées et du Mastodonte à dents tapiroïdes! On entendait les rugissements du terrible *Machairodus* (fig. 26)
à canines en forme de poignard. Bien d'autres espèces
accompagnaient celles que je viens d'indiquer ; à leurs

cris se mêlaient les chants des Oiseaux ; dans le concert de tous ces êtres, il ne manquait que la voix de l'Homme.

Aucune région de la terre n'offre plus un tel spectacle. On va s'en convaincre en jetant un regard sur les faunes actuelles. En Amérique, près des forêts vierges où le règne végétal a tant de majesté, on aurait dû s'attendre à trouver l'apogée du règne animal ; cependant les Quadrupèdes y sont moins grands que sur l'ancien continent. Dans la Nouvelle-Hollande, ils sont encore plus petits. En Europe et dans le centre de l'Asie, resserrés entre la civilisation des pays tempérés et les glaces du Nord, ils se sont amoindris. C'est dans l'Inde et surtout en Afrique que vivent aujourd'hui les plus puissants Mammifères. Les voyageurs qui ont osé les contempler de près affirment que, sur plusieurs points, ils sont en nombre prodigieux. Ainsi Delegorgue, dans les récits de ses explorations en Afrique, décrit un lac où habitait une troupe de cent Hippopotames, et un espace, dont le diamètre n'avait que trois milles, où plus de six cents Éléphants s'étaient réunis. Il rencontra une fois trois ou quatre cents Cynhyènes, une autre fois des bandes de quatre à cinq cents Couaggas. Livingstone a écrit qu'on a souvent vu passer des troupes de plus de quarante mille Euchores. Il a fait plusieurs peintures du monde sauvage ; voici notamment celle d'une descente de montagne : « Des centaines de Zèbres et de Buffles paissent au milieu des clairières ; de nombreux Éléphants pâturent et ne paraissent mouvoir que leurs trompes. Je voudrais être à même de photographier ce tableau qui disparaîtra devant les armes à feu et s'effacera de la terre, avant que personne l'ait contemplé. Tous les animaux sont d'une extrême confiance... Les Éléphants, arrêtés sous les arbres, s'éventent de leurs larges oreilles, comme si nous n'étions pas à deux cents mètres de l'endroit où ils se trouvent ; de grands Sangliers fauves *(Potamochœrus)* nous regardent avec surprise, et leur nombre est immense. La quantité d'animaux qui couvre la plaine tient du prodige ; il me semble être à l'époque où le *Megathérium* paissait tranquillement au sein des forêts primitives. »

Si magnifiques que soient ces tableaux, la Grèce antique en offrit de plus majestueux encore. En effet, tandis que l'Afrique entière possède une seule espèce d'Éléphant, on a vu à Pikermi deux espèces de Mastodontes qui représentent des types très différents, et le *Dinotherium*, le plus gigantesque de tous les Quadrupèdes. L'Afrique n'a qu'une espèce de Girafe ; l'Attique avait une Girafe, un animal plus haut qu'aucune des Antilopes vivantes, et l'*Helladotherium*, moins élevé sur jambes que la Girafe, mais bien plus massif ; la nature actuelle n'a pas de Ruminant comparable à l'*Helladotherium* : le Chameau est beaucoup moins fort.

Il n'y a en Afrique qu'un type de Rhinocéros, celui qui est caractérisé par des incisives rudimentaires, au lieu que Pikermi renferme à la fois des Rhinocéros du type africain, du type asiatique, et peut-être le genre voisin des Rhinocéros auquel on a donné le nom d'*Acerotherium*. Le gros Pachyderme appelé *Chalicotherium*, que l'on croit avoir retrouvé en Grèce, n'a plus d'analogue vivant. Le crâne du *Sanglier d'Érymanthe* a un tiers de plus que celui du Sanglier ordinaire, et ce dernier, dit-on, surpasse le Phacochère et le Sanglier à masque de l'Afrique australe. L'Oryctérope, le plus grand Édenté de l'ancien continent, est un être chétif auprès de l'*Ancylotherium*. Enfin, un des Carnassiers de l'Attique l'emporte sur le Lion, et un autre sur la Panthère.

Parce qu'on n'a pas découvert des animaux aquatiques tels que les Hippopotames, les Lamantins et les Crocodiles, si abondants en Afrique, on n'est pas en droit de nier leur existence en Grèce, à l'époque où vivaient les Mammifères dont j'ai décrit les restes; le dépôt de Pikermi a été le résultat d'une formation essentiellement terrestre; les limons qui renferment les ossements sont descendus de hauteurs où il ne pouvait y avoir des masses d'eau assez vastes pour être fréquentées par de puissants Vertébrés.

L'absence de Singes anthropomorphes ne prouve pas davantage que la faune de l'Europe orientale n'en comptait point ; le Gorille, selon Du Chaillu, habite de silencieuses forêts où l'on ne rencontre guère d'autres Quadrupèdes. « Qui sait, dit ce voyageur, en parlant de la région des Mbondémos, si ce n'est pas le Gorille qui a chassé le Lion du pays où nous nous trouvons ! car ce roi des animaux, si répandu dans les autres contrées de l'Afrique, ne se montre jamais sur les domaines du Gorille. »

Il y a donc eu dans l'Attique plus d'espèces de grands Mammifères que sur aucun point du monde actuel. Quant au nombre des individus qui représentaient chaque espèce, je n'ai aucun moyen de le fixer, mais il n'est point probable qu'il fût moindre que de nos jours. En effet, malgré la multitude des animaux observés dans plusieurs parties de l'Afrique, on n'y pourrait trouver sur un espace égal à celui où j'ai fait mes fouilles, une agglomération d'individus plus considérable. Cet espace avait trois cents pas de long sur soixante de large ; quoique mes excavations aient été entreprises sur une vaste échelle, ce que j'ai creusé est peu de chose, comparativement à l'ensemble des limons fossilifères. C'était un spectacle étrange que celui de la profusion et de l'enchevêtrement des os qu'un coup de mine bien réussi mettait quelquefois à découvert. Si je rappelle que j'ai rapporté 1900 morceaux d'Hipparions, plus de 700 de Rhinocéros, 500 de *Tragocerus*, etc., on comprendra que j'aie dû laisser sur place, lors de mon dernier voyage, les pièces communes dont l'exploitation retar-

dait la découverte des objets rares, de telle sorte que le
nombre des débris qui ont passé sous mes yeux est
encore bien supérieur à celui des échantillons de ma
collection.

III. *On n'a pas trouvé à Pikermi ce qu'on peut
appeler la petite faune.*

L'harmonie de la nature veut que la faune complète
d'une contrée renferme, outre les grands Quadrupèdes,
des êtres de taille ou de force moindre ; à côté des Lions
et des Éléphants, il y a des animaux plus petits qui
vivent de leurs restes ou qui ont reçu, en compensation
de leur faiblesse, des facultés au moyen desquelles ils
parviennent là où les puissants Mammifères n'atteignent
pas : leur ensemble constitue ce qu'on peut appeler la
petite faune. On n'en a extrait en Grèce que de rares
échantillons; je n'ai pas découvert les points où leurs
cadavres se sont déposés, bien que j'aie suivi les couches
de limon ossifère depuis leur origine sur le mont Pentélique jusqu'à la mer. Presque tous les débris d'Oiseaux
de ma collection ont dû leur préservation à ce qu'ils
étaient engagés dans les cavités des os et des crânes des
grosses espèces; je n'ai aperçu d'autres Reptiles que des
Tortues de la taille des Tortues terrestres qui existent à

présent dans l'Attique, et une vertèbre semblable à celle d'un Varan d'un mètre et demi de long. Sauf le *Promephitis* et une Martre plus forte que la Fouine de nos pays, on n'a pas signalé de petits Carnassiers. Un seul Rongeur a été recueilli, c'est un Porc-épic dont la dimension surpasse celle des Porc-épics vivants. On n'a vu aucune trace de Chauve-souris ou d'Insectivore. Bien que le Singe de Grèce ne soit pas d'une grande espèce, c'est encore un animal considérable, comparativement à beaucoup de Mammifères de·nos campagnes.

Dans les gisements, tels que Simorre, Eppelsheim, les collines Siwalik, remarquables par l'accumulation des Quadrupèdes gigantesques, la *petite faune* manque également. La raison en est facile à comprendre ; des os lourds ne peuvent en général être rassemblés sur un étroit espace, sans qu'ils aient été entraînés par un courant d'eau, et le courant assez fort pour les transporter ne dépose guère de pièces légères, comme celles des Oiseaux, des Rongeurs, des Insectivores au même endroit où il laisse tomber les Mastodontes. Il résulte de là que les gisements dont les débris offrent le spectacle le plus grandiose, donnent rarement une idée complète des anciennes faunes.

Au contraire, dans les calcaires palustres de Ronzon, près du Puy, qui ne contiennent pas les dépouilles de gros animaux, sauf l'*Entelodon* et l'*Acerotherium*, on voit, à côté des restes de Mammifères, ceux d'Oiseaux, de Reptiles, de Poissons, d'Insectes, de Crustacés, de Mollusques, d'Infusoires, de plantes; ainsi toutes les catégories du monde organique semblent y avoir reçu rendez-vous pour nous apprendre l'histoire des générations des temps géologiques. On rencontre à peu près une semblable variété de formes à Montmartre. où nul Quadrupède, à part le *Palæotherium magnum*, n'excède des dimensions moyennes.

Cependant il n'en est point toujours de même; à Sansan, Lartet a observé la superposition des couches qui renferment surtout les grands os et de celles qui recèlent principalement les petites pièces. Le catalogue de ces fossiles paraît indiquer que, pendant l'époque tertiaire, le nombre total des espèces surpassait celui des espèces actuelles [1].

Combien serait longue la liste des êtres qui vécurent à Pikermi, si, aux puissants Quadrupèdes, on pouvait ajouter les membres qui constituaient la *petite faune !*

---

[1] Pendant l'époque tertiaire, les flores aussi bien que les faunes de l'Europe ont été plus riches que de nos jours. Bronn dit que Parschlug, en Styrie, a fourni à M. Unger, dans deux couches assez minces, tant de plantes que toutes les forêts réunies de la même province en donneraient à peine un nombre égal. M. Gœppert a tiré cent trente especes d'arbres et d'arbrisseaux à Schossnitz, près de Canth, en Silésie, pendant que la Silésie entière, sur sept cents milles carrés, n'en a que cent dix espèces. Les travaux de Heer ont montré que la flore et la faune entomologique d'Œningen surpassaient celles des temps actuels.

IV. *De l'harmonie qui régna entre les Mammifères de l'ancienne Attique.*

Qu'est-il résulté de la coexistence de tant de bêtes gigantesques qui avaient besoin d'une prodigieuse quantité d'aliments, et disposaient d'une grande force pour se défendre? Un antagonisme vital fut-il nécessaire?

Il faut voir d'abord ce qui dut se passer pour les Herbivores (j'entends ici par Herbivores les Mammifères qui se nourrissent des produits de la végétation). De nos jours les animaux de même espèce se livrent de rudes assauts pour leurs amours : « Les mâles sauvages, dit Livingstone, n'obtiennent la possession des femelles qu'après avoir vaincu leurs rivaux. Il n'en est pas qui ne portent les cicatrices des blessures reçues dans le combat. » Ces luttes sont utiles, puisque ainsi ce sont les plus vigoureux sujets qui perpétuent les races ; mais, en dehors des batailles d'amour, les Herbivores ont peu de sujets de querelles : ceux d'espèces distinctes vivent en bonne intelligence. Le Rhinocéros est celui dont le caractère passe pour le plus intraitable ; pourtant Delegorgue assure qu'un étrange instinct le porte à attaquer uniquement l'Homme ou ses auxiliaires, Chevaux,

Chiens, Bœufs, et que, sauf dans les arènes où on l'excite, jamais il ne s'est battu contre un Éléphant. « Souvent, ajoute-t-il, j'aperçus l'espèce *Rhinocéros simus* mêlée à des groupes d'Éléphants au milieu desquels elle semblait jouir de droits égaux, comme si elle eût appartenu à la même famille. »

Cette harmonie qui règne entre les Herbivores d'espèces différentes paraît tenir surtout au soin que l'Auteur de la nature a pris de diversifier leur mode d'alimentation. Or, s'il est permis d'attribuer aux êtres fossiles des habitudes analogues à celles des animaux qu'ils rappellent par leur dentition, on doit penser que le régime des Mammifères de Pikermi était aussi varié que celui des espèces actuelles. Par exemple, les Hipparions ont des dents presque semblables à celles des Zèbres, des Daws, des Couaggas; j'en conclus qu'ils mangeaient comme eux l'herbe des prairies. Les *Palæoryx*, les *Palæoreas*, les *Tragocerus* et les *Gazella brevicornis* ont à peu près la dentition des Gazelles vivantes[1]; il est donc probable que leurs troupes paissaient près des Hipparions, de même qu'aujourd'hui les Gazelles paissent à côté des Couaggas. L'*Helladothérium* avait le cou relativement court, et des dents se rapprochant de celles des Antilopes; on peut donc supposer que ce gros Ruminant se nourrissait aussi d'herbages.

---

[1] Sauf la présence des colonnettes interlobaires.

Au contraire, la Girafe de l'Attique broutait sans doute, comme la Girafe actuelle, les feuilles tendres des arbres ; il devait en être ainsi du *Palæotragus*, dont les molaires ont des rapports avec celles des Girafes, et qui, à en juger par la forme de son occipital, avait un long cou ; cette espèce, étant plus petite, choisissait nécessairement les arbres de moindre hauteur. Les Rhinocéros de Grèce avaient tout à fait la dentition des Rhinocéros d'Afrique, qui, au dire des voyageurs, s'arrangent pour leur nourriture de ce que bien d'autres Herbivores rejettent, et s'attaquent surtout aux buissons coriaces, si communs dans les pays secs et brûlants. Le *Sanglier d'Érymanthe* était voisin des Sangliers qui de nos jours fouissent la terre pour déterrer les tubercules. Les Mastodontes devaient cueillir les fruits des arbres. Enfin les Singes pouvaient grimper sur les branches élevées pour croquer les fruits que la trompe des Mastodontes n'avait pas atteints. Ainsi, aucun trésor du règne végétal n'était perdu, et chaque tribu trouvait sa pâture sans avoir à envier le bien des tribus voisines.

En voyant rassemblés à Pikermi des *Dinotherium* et deux espèces de Mastodontes, on ne peut s'empêcher d'être frappé de la quantité d'aliments que ces bêtes gigantesques ont dû consommer. Mais il faut d'abord remarquer qu'elles ne devaient point rechercher les mêmes parties des végétaux, car leurs dents sont différentes ; dans une des espèces, les molaires se rapprochent de celles des Cochons; dans les autres espèces, elles tendent davantage vers la disposition des Tapirs. En outre, les Proboscidiens vivants ne causent pas des ravages aussi considérables que leur taille pourrait le faire croire. « Dans l'estimation, dit Livingstone, qu'on a faite de la quantité de nourriture nécessaire pour les grands animaux, on n'a pas apporté une attention suffisante au genre d'aliments qu'ils choisissent. L'Éléphant, par exemple. est un mangeur des plus délicats... ; il affectionne les arbres qui contiennent beaucoup de matière saccharine, de mucilage et de gomme. On le voit secouer les palmyras pour en faire tomber les semences qu'il ramasse et qu'il mange une à une : ou bien on le trouve à côté du masuka ou d'autres arbres fruitiers dont il cueille patiemment les fruits, et toujours un à un. Il se nourrit aussi des bulbes et des tubercules de certaines plantes qu'il déterre... ; il cherche la qualité plutôt que la quantité des aliments. » Peut-être les Proboscidiens du vieux monde étaient aussi des mangeurs délicats recherchant la qualité plus que la quantité.

Passons à l'examen des Carnassiers. « Le Lion, a écrit Delegorgue, a une incontestable utilité ; depuis les sources du Touguéla jusqu'au tropique du Capricorne, pas un Lion n'existe, et il est certain que les hordes de Gnous et de Couaggas, qui n'y sont que trop nombreuses, vont se multiplier dans une effrayante proportion. Je ne demande pas dix ans, et les peuples pasteurs n'y trouveront pas une pointe d'herbe pour leurs bestiaux. » Les Gazelles Euchores forment des bandes encore plus grandes que les Couaggas ; il paraît qu'à l'arrière-garde, il y en a toujours qui, ne pouvant se procurer de nourriture, meurent, ou sont d'une maigreur extrême. Cela montre que, si les Carnassiers ne modéraient le développement des Herbivores, un grand nombre de ceux-ci périraient par la faim. Il faut en outre considérer que tous les êtres étant destinés à la mort, il arrive un moment où ils sont exposés aux maladies ; alors, lents à courir, se trouvant sans défense, ils deviennent une facile victime pour les bêtes de carnage : une prompte mort leur épargne de longues souffrances.

Les Carnassiers, qui, on le voit, jouent dans l'économie de la nature un plus beau rôle qu'on ne le supposerait à première vue, servirent, dans les temps anciens, comme aujourd'hui, à tempérer ce que la fécondité des Herbivores avait d'excessif. Ils ne furent pas assez nombreux pour transformer la Grèce en un théâtre de luttes, de déchirements universels ; leur développement ne paraît pas avoir été en proportion de celui des Herbivores. Il y avait à Pikermi deux Mustélidés, la *Promephitis* et la *Martre du Pentélique*, chargés sans doute, ainsi que le Putois et la Fouine de nos contrées, d'attaquer les Insectivores, les Rongeurs, les Oiseaux. On compte cinq espèces de Félidés; mais on en possède si peu de débris qu'une seule est suffisamment connue pour mériter un nom spécifique; aucune n'était plus forte que les espèces vivantes, sauf le *Machairodus;* encore celui-ci les surpassait à peines; ses canines, armes terribles, étaient nécessaires pour entamer le cuir épais des Pachydermes. Je pense que les Félidés ne troublaient point la tranquilité des principaux Herbivores, tels que les *Dinotherium* et les Mastodontes; car Livingstone a écrit : « Les lions ne s'approchent jamais des Éléphants, si ce n'est des jeunes qu'ils déchirent quelquefois... Rarement le Lion attaque un animal parvenu au terme de sa croissance [1]. » Quant à la Panthère, « toute son adresse, selon Delegorgue, toute sa force musculaire échouent contre le Bœuf [2]. » J'ai dit ailleurs qu'on pourrait appeler le *Machairodus* (fig. 26) le roi des animaux tertiaires avec autant de raison qu'on nomme le Lion le roi des animaux actuels. Mais c'est un singulier monarque, celui qui est toujours isolé et que chacun redoute; il vaudrait mieux donner le nom de roi des Quadrupèdes modernes à celui que Livingstone appelle *le noble Éléphant,* et enlever le titre de roi des animaux tertiaires au féroce *Machairodus,*

---

[1] Livingstone dit que la vue seule du Rhinocéros met le Lion en fuite; au contraire Delegorgue prétend que le Lion attaque les Buffles et les plus grands *Rhinocéros camus;* mais il reconnaît qu'il s'adresse seulement aux jeunes Eléphants.

[2] Delegorgue, *Voyage dans l'Afrique australe,* vol. I, p. 45.

pour le décerner au *Dinotherium.* Ce géant du vieux
monde, à la fois puissant et pacifique, que nul n'avait

Fig. 27. — Resturation du squelette de l'*Ichtherium robustum*, à 1/9 de grandeur. Miocène supérieur de Pikermi.

à craindre, que tous respectaient, était vraiment la personnification de la nature calme et majestueuse des
temps géologiques.

Les autres Carnivores trouvés à Pikermi, le *Simocyon*, les Hyènes et l'*Ictitherium* (fig. 27) ont dû être moins sanguinaires que les Félidés ; leurs prémolaires épaisses ou leurs grosses tuberculeuses font supposer qu'ils se nourissaient principalement de chairs mortes et d'os. Comment douter de leur utilité ? Grâce à ces enleveurs de cadavres, la terre a toujours gardé son manteau exempt de souillures. « L'Hyène, a-t-on dit, est au Lion ce que le Vautour est à l'Aigle, elle nettoie les restes de son festin [1]. »

Ainsi, il n'y avait pas concurrence vitale, tout était harmonie, et Celui qui règle aujourd'hui la distribution des êtres vivants, la réglait de même dans les âges passés.

---

[1] C'est une chose admirable que la rapidité avec laquelle disparaissent les parties des cadavres qui pourraient vicier l'air. Il y a douze ans, comme j'allais du Caire à Suez, je rencontrai dans le désert un Dromadaire qui se mourait ; après trois jours, je repassai devant son corps ; les Hyènes et les Vautours n'y avaient laissé aucun lambeau de chair.

V. *La plupart des types de Pikermi ont émigré hors de l'Europe.*

Pour se rendre compte du mode suivant lequel les types ont été renouvelés pendant les temps géologiques, il ne suffit pas de les considérer dans une seule partie du monde, car ils ont subi des migrations, de telle sorte qu'au moment où l'on croit suivre leurs traces, ils échappent.

Ainsi, pour découvrir les animaux de la nature actuelle qui se rapprochent davantage de ceux de la Grèce antique, il faut jeter les regards, non pas sur l'Europe, mais sur l'Afrique. La présence de Singes, de Proboscidiens, de Girafes, de grands Chats, d'Hyènes et de Carnassiers voisins des Civettes, la ressemblance du *Rhinoceros pachygnathus* (fig. 28) avec les *Rhinoceros bicorne* et *camus*, la multitude des Antilopes munies de cornes qui rappellent les *Oryx*, les *Oreas*, les Euchores et les Gazelles donnent à la faune de Pikermi un facies africain. De même qu'on voit dominer les Mammifères didelphes en Océanie, édentés en Amérique, nocturnes à Madagascar, marcheurs en Europe, on remarque ceux d'allure légère, sauteurs ou coureurs en Afrique : ces derniers sont nombreux à Pikermi.

Ceci porte à penser que, durant l'époque tertiaire, il y eut entre l'Afrique et l'Europe une communication qui

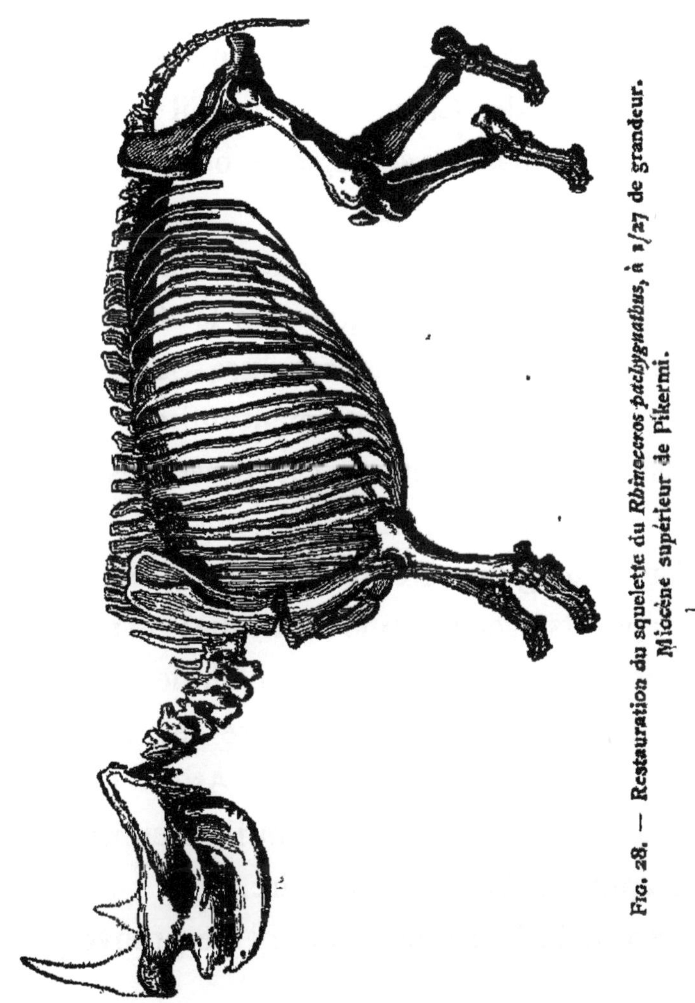

Fig. 28. — Restauration du squelette du *Rhinoceros pachygnathus*, à 1/27 de grandeur. Miocène supérieur de Pikermi.

manque aujourd'hui. M. Pucheran a fait observer qu'une sorte d'équateur zoologique coïncide avec une ligne nommée par Jean Reynaud *équateur de contraction*; cette ligne, qui sépare les deux Amériqúe, passe entre l'Europe et l'Afrique, rencontre en Asie la dépression de la mer Morte, les déserts de Syrie, de Perse et Kobi, distingue sur l'ancien continent les Mammifères de la zone chaude de ceux de la zone tempérée. L'examen de la faune fossile de Grèce montre qu'il n'y avait pas autrefois un équateur zoologique occupant la même position qu'à présent.

Si Pikermi et Baltavar indiquent une union entre l'Europé orientale et l'Afrique vers la fin de l'époque miocène, on n'en doit pas conclure que, dans toúte l'Europe, cette union fut également intime; car la faune d'Eppelsheim, par ses genres et ses espèces, se rapproche assez de celle de Pikermi pour permettre de l'attribuer à un âge géologique très voisin, et cependant elle n'a pas de rapports avec la faune d'Afrique; on n'y a signalé ni Rhinocéros à gros os nasaux, ni Girafe, ni Antilopes, ni Hyènes; on y voit au contraire des Tapirs, genre inconnu à l'Afrique et répandu en Asïe[1]. Ce contraste mérite l'attention des géologues qui s'occupent d'établir la géographie de l'époque tertiaire.

L'aspect de la faune de Pikermi ne prouve pas seu-

---

[1] Les couches d'Eppelsheim, bien qu'appartenant à la dernière période miocène ainsi que celles de Pikermi et de Baltavar, peuvent n'avoir pas été formées pendant la même phase de cette période; mais sans doute une légère différence d'âge ne suffit point pour rendre compte de ce fait que les deux faunes ont un tout autre facies géographique.

lement qu'une partie de l'Europe a été en communication avec l'Afrique ; il nous apprend que la température a été plus élevée que de nos jours ; en effet, quand même on voudrait prétendre que les animaux de l'Attique, étant d'espèces distinctes, ont pu supporter un climat plus froid que leurs congénères actuels, il resterait à expliquer comment ils se sont nourris ; il a fallu une grande chaleur pour activer la végétation destinée à alimenter tant d'Herbivores et d'Omnivores. Les faunes qui ont succédé à celle de Pikermi n'ont pas eu un faciès aussi africain ; elles sentent l'influence des régions du Nord, comme si la chaleur avait diminué. Ces faits confirment l'opinion qui a été exprimée sur les mouvements de la température en Europe : on sait que, d'après les observations de Forbes, Wood, Lyell, Prestwich, etc., le froid a gagné l'Angleterre durant l'époque pliocène, qu'il a sévi avec une grande rigueur au commencement du quaternaire et qu'il a diminué ensuite ; les recherches de M. Gaudin sur l'Italie centrale montrent aussi que la chaleur avait beaucoup baissé dans le sud de l'Europe lors des âges pliocènes, au lieu que les plantes du miocène, même le plus récent comme celui d'Œningen, attestent un climat brûlant.

Les faunes fossiles de l'Inde, à en juger par les gisements des collines Siwalik, de l'île de Périm, d'Ava, etc., ont quelques rapports avec celle de Pikermi ; leurs animaux ont à peu près le même aspect ; on trouve dans l'Inde l'espèce d'*Helladotherium* qui a vécu dans l'Attique, un Hipparion voisin de l'*Hipparion gracile* (fig. 29), et

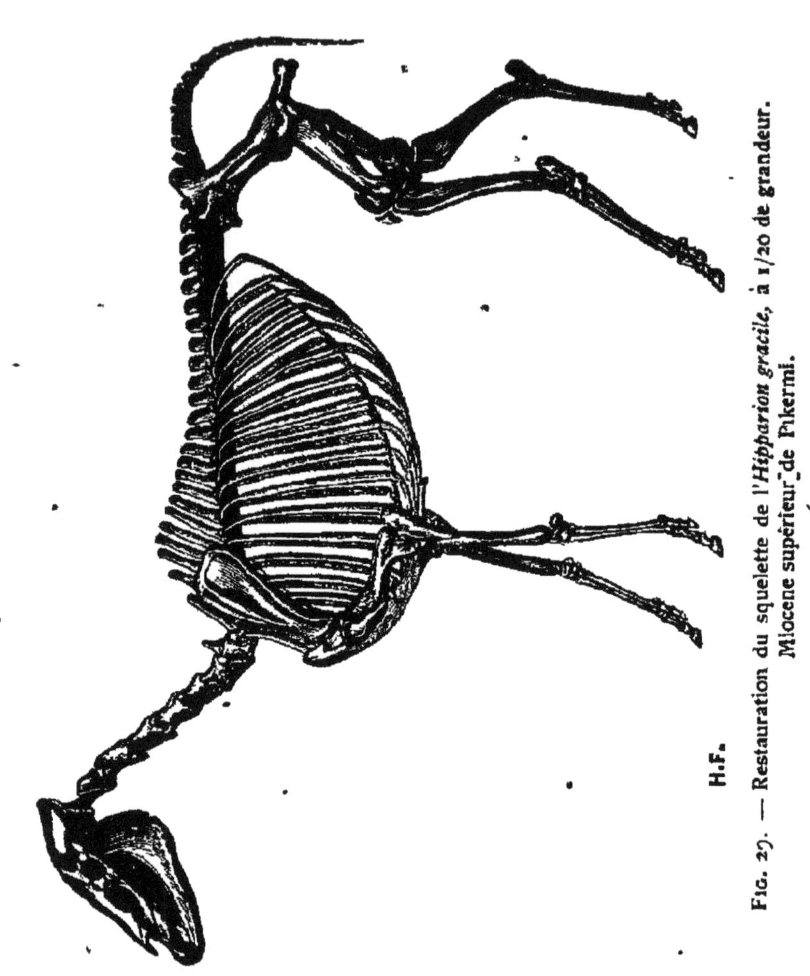

H.F.

Fig. 29. — Restauration du squelette de l'*Hipparion gracile*, à 1/20 de grandeur. Miocène supérieur de Pikermi.

les genres Hyène, Chat, *Machairodus*, Mastodonte, *Dinotherium*, Rhinocéros, *Chalicotherium*, Sanglier, Girafe. La faune actuelle de l'Asie méridionale, quoiqu'elle ait des points de ressemblance avec celle de la Grèce, s'en éloigne plus que la faune fossile.

Lorsque je compare les types quaternaires et actuels de l'Amérique avec ceux de Pikermi, je remarque que la *Promephitis* se rapproche de la Moufette, que l'*Ancylo-*

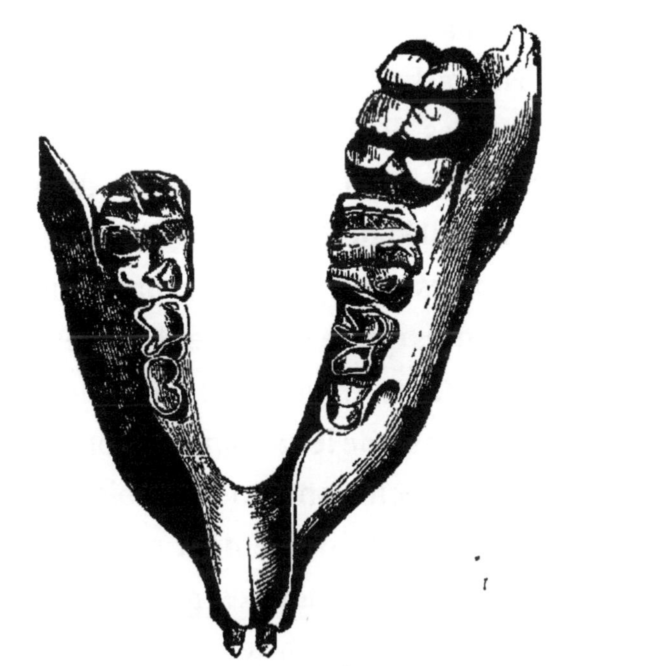

FIG. 30. — Mâchoire inférieure d'un jeune *Mastodon americanus* de l'Ohio, au 1/6 de grandeur.

therium appartient à l'ordre des Édentés très répandu dans le nouveau monde, que le genre *Machairodus* a eu son plus beau représentant au Brésil, que le *Mastodon turicensis* rappelle le Mastodonte de l'Ohio (fig. 30), et que le *Mastodon Pentelici* est voisin du *Mastodon Andium;*

à côté de ces analogies, il y a des dissemblances assez grandes pour croire que, pendant l'époque quaternaire, l'Amérique était déjà presque entièrement séparée de l'ancien continent. Les découvertes qui ont été faites depuis quelques années permettent de supposer qu'il n'en fut pas ainsi pendant les âges tertiaires. En effet, non seulement dans les couches miocènes des Mauvaises Terres du Nébraska, il y a, comme en Europe, des *Anchitherium*, des *Palæotherium*, des Rhinocéros, des Mastodontes, des *Machairodus*, mais, dans les étages pliocènes de la vallée de Niobrara, on a signalé un Porc-épic, deux espèces d'Hipparions, un Rhinocéros, un Mastodonte, genres qui se retrouvent à Pikermi. M. Heer, dans ses importants travaux sur les flores tertiaires d'Europe, a tiré aussi de leur comparaison avec les flores américaines la conclusion qu'autrefois le nouveau et l'ancien monde ont été intimement réunis.

Ces déplacements des formes génériques ne doivent pas surprendre, puisque Lartet et d'autres paléontologistes ont prouvé que les espèces ont émigré : le Castor a presque entièrement abandonné nos contrées ; l'Aurochs s'est caché dans les forêts de la Lithuanie ; le Renne qui parvint autrefois jusqu'au pied des Pyrénées, le Glouton qui est fossile à Gaylenreuth, le Lemming signalé en Prusse, le Bœuf musqué dont les débris se rencontrent en Angleterre, en Allemagne et dans le bassin de Paris ne vivent maintenant que dans les

régions froides ; au contraire, l'Hippopotame, l'Hyène
tachetée et l'Éléphant africain, après avoir habité
l'Europe, ne quittent plus l'Afrique. Les remarques si
ingénieuses de Pictet sur les Mollusques crétacés de la
la Suisse ont fait voir que les êtres inférieurs se sont peu
à peu déplacés dans les temps géologiques. Les végétaux
se sont comportés de même ; on lit dans le bel ouvrage
de M. Saporta sur le sud-est de la France : « Il semble
avéré que certaines plantes se montrent plus tôt sur un
point que sur un autre du sol tertiaire. »

Sans doute, il ne faut pas exagérer le rôle qu'ont eu les
migrations ; nous ne sommes plus, en géologie, au temps
où l'on espérait expliquer par elles seules les particularités qu'offrent les fossiles. Cependant elles sont d'un
grand intérêt, car les animaux et les végétaux, en se
propageant vers des pays différents de ceux où ils étaient
d'abord, y rencontrèrent des conditions nouvelles d'existence, et ces changements de milieu purent être un des
moyens dont Dieu se servit pour modifier peu à peu
les faunes.

VI. *Des formes intermédiaires que présentent les Mammifères fossiles.*

J'arrive au sujet qui est le but principal de cet ouvrage, l'étude des formes intermédiaires. Nous avons vu que pour fonder la paléontologie, c'est-à-dire pour prouver que les êtres, aujourd'hui fossiles, ont vécu avant les espèces actuelles, et ne peuvent se confondre avec elles, il a fallu faire ressortir leurs caractères distinctifs : ceci a été le plus beau titre de gloire de Cuvier. Pour montrer que, non seulement ils ne sont pas identiques avec les êtres vivants, mais qu'à chaque époque géologique ils ont eu un aspect particulier, on a dû insister sur les différences qui existent entre eux : Alcide d'Orbigny est un de ceux qui ont le plus contribué à mettre ces différences en relief.

Ainsi, à l'origine, les plus grands paléontologistes furent entraînés par la force même des choses à considérer dans la série des vieux habitants du globe les lacunes qui séparent plutôt que les traits qui unissent. Analystes d'un talent incomparable, ils ont rapidement révélé un monde de merveilles, mais de merveilles isolées.

Cependant, un plan a dominé l'histoire du développement de la vie ; il y a dans la nature quelque chose de plus magnifique que la variété apparente des formes, c'est l'unité qui les relie. Grâce aux recherches paléontologiques qui se font de toute part, des êtres dont nous ne comprenions pas la place dans l'économie du monde organique se montrent à nous comme des anneaux de chaînes qui elles-mêmes se croisent ; on trouve des passages d'ordre à d'ordre, de famille à famille, de genre à genre, d'espèce à espèce. Je parlerai plus loin des résultats philosophiques que la découverte des formes intermédiaires permet d'entrevoir. Ce que je veux pour le moment, c'est constater ces formes ; on les a niées, on les a crues peu nombreuses ; il importe de nous fixer à leur égard. Pikermi est particulièrement favorable pour leur étude, parce que les debris de cet ossuaire sont accumulés avec une telle abondance qu'il est souvent possible de baser les comparaisons sur la plus grande partie des pièces du squelette ; si, par exemple, on n'avait que le crâne du Singe de Grèce, on ne saurait pas que cet animal participait du Macaque en même temps que du Semnopithèque, et si l'on ne connaissait que les cornes du *Tragocerus*, on ignorerait qu'il a plus de rapports avec les Antilopes qu'avec les Chèvres.

Je vais résumer l'étude des espèces intermédiaires que m'a fournies Pikermi.

1° LES SINGES. — Les Singes ont, au point de vue philosophique, un intérêt capital, par suite de leur

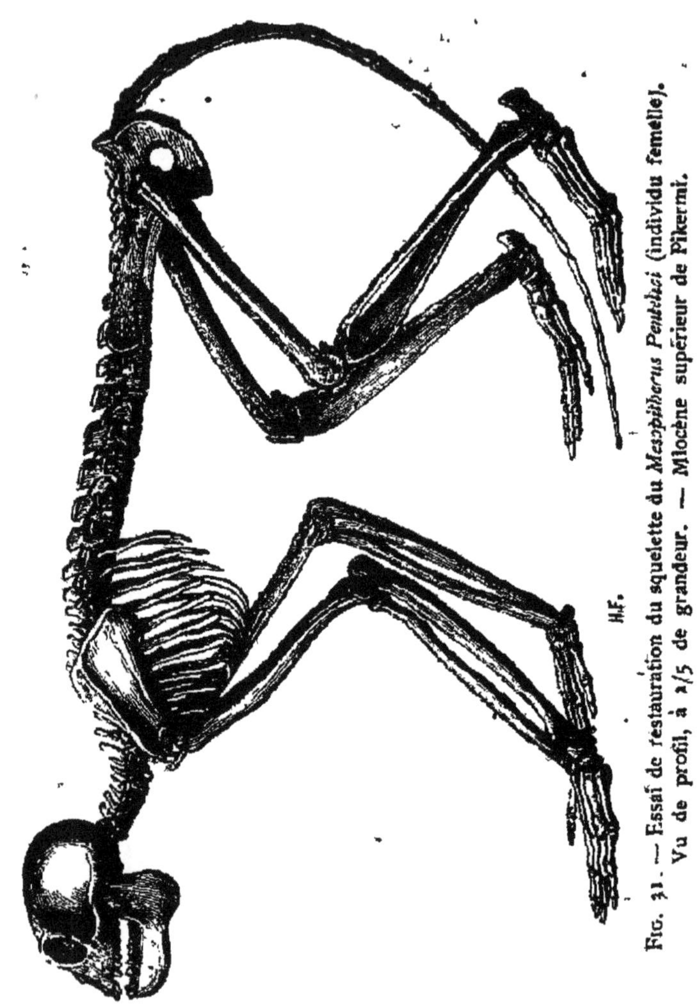

Fig. 31. — Essai de restauration du squelette du *Mesopithecus Pentelici* (individu femelle). Vu de profil, à 1/5 de grandeur. — Miocène supérieur de Pikermi.

ressemblance matérielle avec l'Homme, qui, selon plusieurs naturalistes, ne serait qu'un animal perfectionné.

C'est principalement par l'étude des êtres anciens que l'on peut arriver à reconnaître si les espèces, malgré les relations apparentes qui les unissent, sont distinctes les unes des autres, ou si les différences observées entre les espèces ne proviennent pas des modifications d'un même individu.

On n'avait pas, à l'époque où écrivait Cuvier, découvert de Singes fossiles, et par conséquent il était naturel de supposer que les Singes actuels n'ont pas de liens avec les animaux anciens.

Depuis Cuvier, on a signalé quatorze espèces fossiles; la plupart sont mal connues; pourtant ce qu'on en possède suffit pour apprendre qu'elles ne s'éloignent guère des espèces vivantes.

Le Mésopithèque de Pikermi (*Mesopithecus Pentelici*) est celle sur laquelle nous avons les données les plus complètes.

Les échantillons, d'une parfaite conservation, forment aujourd'hui une des plus grandes richesses du musée géologique de Paris. Les têtes des Singes sont entières, garnies de toutes leurs dents, disposées aussi régulièrement que si les animaux venaient de périr. Nous avons aussi des os de toute sorte, et en particulier des os des mains de devant et de derrière; de telle sorte qu'on a pu reconstruire le squelette (fig. 31). Or, cette restauration est très intéressante, parce qu'elle nous montre une forme intermédiaire entre les animaux vivants appelés *Macaques* et ceux qu'on nomme *Semnopithèques*. On dirait que les Semnopithèques ont emprunté au Singe de Grèce son crâne, et que les Macaques lui ont emprunté ses membres.

MM. Roth et Wagner avaient pensé que ces ossements appartenaient à deux espèces qui se distinguent par les dimensions de leur taille et par le développement de leurs dents ; mais ces différences pourraient, selon nous, provenir des variations qui se produisent dans presque tous les genres entre les mâles et les femelles ; le mâle, on le sait, est généralement plus robuste et plus fortement armé. Un jour viendra sans doute où le progrès des sciences naturelles permettra d'apprécier, chez un grand nombre d'animaux fossiles, non seulement les différences d'espèces, mais encore celles de sexe.

La découverte des Singes fossiles contribue à prouver que, dans les anciens temps, l'Europe fut plus chaude qu'elle ne l'est aujourd'hui : ces animaux, qui ne peuvent vivre sans une haute température, n'existent plus en Europe [1] ; au Caire même, c'est-à-dire sous le trentième degré de latitude, on m'a assuré qu'ils meurent fréquemment de maladies de poitrine. Or, on a trouvé des débris fossiles de Singes, non seulement en Grèce,

---

[1] Il faut excepter quelques Singes qui habitent encore aujourd'hui les rochers de Gibraltar.

pays dont la température est élevée, mais encore en France et en Angleterre, jusque sous le cinquante-deuxième degré de latitude, ce qui prouve une grande diminution dans la chaleur de notre Europe qui, géologiquement parlant, n'est point très ancienne.

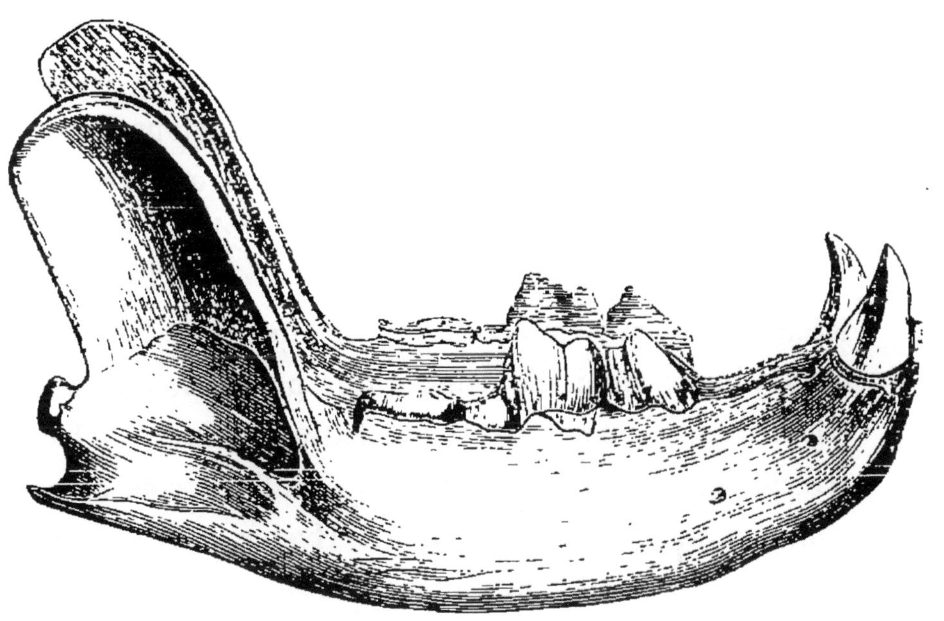

Fig. 32. — Mâchoire inférieure de *Melarctos*.

2° Les Carnivores. — Le Carnivore appelé *Simocyon* (*Melarctos*) (fig. 32) a des canines de Chat, des prémolaires et des carnassières de Chien, tandis que la forme de ses mandibules et de sa tuberculeuse inférieure marque des tendances vers la famille des Ursidés ; avec l'*Amphicyon*, l'*Hemicyon*, l'*Arctocyon*, il est destiné à relier cette famille à celles des Canidés, qui en est bien distincte de nos jours.

La *Promephitis* établit dans la famille des Mustélidés un chaînon entre les genres très carnivores comme les Martres, les Zorilles, les Putois, et les types moins carnivores tels que les Loutres et les Moufettes.

Le gisement de Pikermi a procuré trois espèces de Viverridés *(Ictitherium)* (fig 27), la première si voisine des Civettes actuelles que M. Lartet et moi l'avions d'abord classée parmi ces Carnassiers ; la seconde qui s'éloigne davantage des Civettes pour se rapprocher des Hyènes ; la troisième qui ressemble encore plus à une petite Hyène. Réciproquement, j'ai découvert des espèces de la famille des Hyénidés qui indiquent quelque propension vers les Viverridés, l'une par ses tuberculeuses *(Hyænictis)*, l'autre par ses prémolaires *(Lycyæna)*. Enfin, à côté de ces animaux moitié Civettes, moitié Hyènes, on voit une Hyène proprement dite, intermédiaire entre les espèces communes actuellement en Afrique. Ses dents du haut rappellent l'*Hyène rayée*, et ses dents du bas, l'*Hyène tachetée*. Si l'on joint aux espèces de Pikermi celles qui sont déjà connues à l'état fossile ou à l'état vivant, on remarque que les lacunes se comblent à mesure que les découvertes se multiplient; je m'en suis aperçu en considérant le tableau suivant où quelques espèces ont été disposées d'après l'ordre géologique :

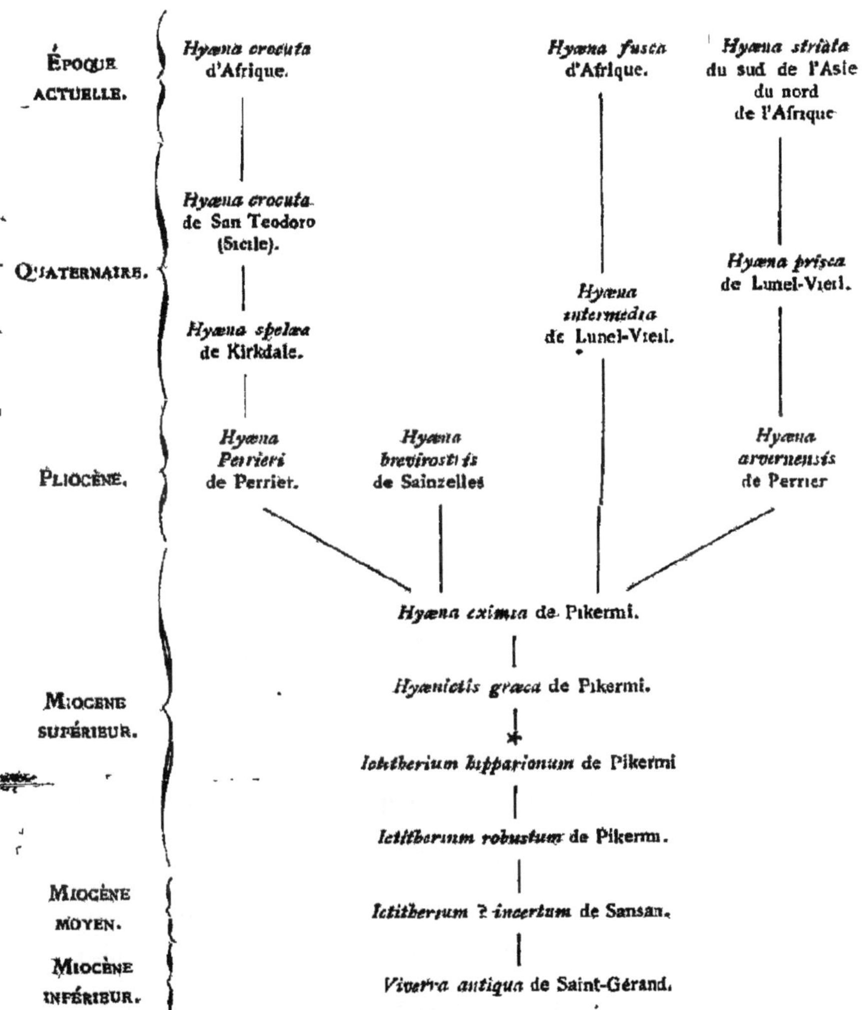

C'est en 1866 que ce tableau et ceux qui suivent ont été publiés. A cette époque, il y avait eu encore peu de travaux sur les évolutions du monde animal, à part les mémoires ingénieux de M. Rütimeyer qui a été vraiment l'initiateur dans cet ordre d'études. Je ne pouvais donc pas avoir la pensée de trouver beaucoup de parentés directes dans les espèces connues jusqu'alors. Mais il me semblait que, si je rangeais les fossiles suivant leur ordre d'apparition sur la terre, je mettrais en relief les ressemblances des espèces d'époques consécutives, et je montrerais qu'on pouvait avoir l'espérance d'arriver un jour à suivre leurs filiations directes. De nombreuses découvertes ont été faites depuis quelques années ; cela m'a forcé à modifier un

La délimitation des espèces de Chats vivants embarrasse les zoologistes, car elles sont nombreuses, et plusieurs ont des caractères peu tranchés. En outre, on a déjà signalé à l'état fossile, dans le miocène moyen de Sansan, les *Felis hyænoides, pardus? media, pygmæa* ; dans le miocène supérieur d'Eppelsheim, les *Felis prisca, ogygia, antediluviana* ; dans celui de Pikermi, quatre espèces, l'une moindre que le Lion, une égale à la Panthère, une plus petite que la Panthère, une un peu plus forte que notre Chat sauvage ; dans le pliocène de Montpellier, le *Felis Christolii* ; dans celui de Perrier, les *Felis arvernensis, pardinensis, brachyrhina, issiodorensis, brevirostris* ; dans le crag rouge d'Angleterre, le *Felis pardoïdes* ; dans le terrain quaternaire, les *Felis spelæa, antiqua, engiholiensis, lyncoides, minuta.* Je ne mentionne que les Chats d'Europe ; on en a rencontré également en Asie et en Amérique. La plupart de ces espèces ne présentent point de particularités saillantes, elles rentrent dans les types connus, et on les a déterminées surtout d'après leur taille ou leurs proportions ; il n'y a point de raisons pour qu'on n'en trouve pas encore un grand nombre. Comment donc parviendra-t-on à distinguer les espèces et les variétés, alors qu'aux formes

peu mes tableaux. Cependant je n'y ai pas introduit les espèces trouvées en Amérique par MM. Marsh, Cope, etc., pour ne pas trop enlever à mon travail son caractère primitif.

Les astérisques montrent les principales lacunes.

vivantes, déjà difficiles à classer, il faudra joindre toutes les formes fossiles ?

Il y avait aussi en Grèce un Carnassier redoutable que l'on a appelé le *Machairodus* (fig. 26). Ce mot signifie dents en forme de poignard. Ses canines supérieures simulent effectivement des lames de poignard ; elles sont longues, tranchantes, et, quand on les regarde de près, on voit sur les bords des dentelures semblables à celle d'une scie ; ce devaient être des armes terribles.

A côté des formes mobiles qui se sont longtemps perpétuées, le *Machairodus* a présenté l'exemple d'une durée beaucoup moindre ; ce genre, qui montre le type Chat parvenu à son plus grand perfectionnement, n'est point arrivé jusqu'à notre époque ; la paléontologie offre souvent ainsi la preuve que ce ne sont pas les êtres les plus parfaits qui ont eu le plus de continuité ; les branches qui avaient leur complet épanouissement se sont éteintes pendant que les branches plus humbles se sont conservées.

3º LES PROBOSCIDIENS. — Depuis les travaux de Cuvier, l'étude des Proboscidiens s'est étrangement compliquée ; elle a révélé des passages entre des formes différentes en apparence.

La Grèce a nourri deux espèces de Mastodontes. On confond quelquefois le Mastodonte avec le Mammouth. Le Mammouth est un véritable Éléphant (fig. 33): c'est

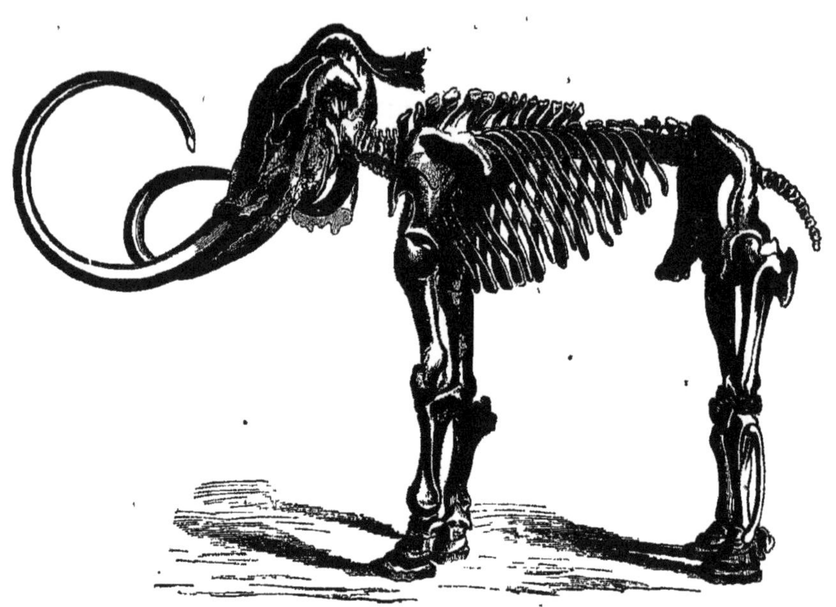

Fig. 33 — Squelette restauré de Mammouth.

l'espèce qui a été contemporaine des premiers Hommes et dont on a découvert un cadavre presque entier enseveli dans les terrains glacés de la Sibérie. Les Mastodontes ont fait leur apparition dans le monde plus tôt que les Éléphants. Ces deux genres ont une extrême ressemblance, mais leurs dents ne sont pas faites de même : les dents des Éléphants sont formées de lamelles juxtaposées ; celles des Mastodontes, au contraire, sont composées de gros mamelons.

La mâchoire supérieure du *Mastodon americanus*, à l'état adulte, porte seule des défenses, ainsi que chez les Éléphants ; mais les *Mastodon angustidens, longirostris* et une des espèces qui vivaient en Grèce avaient des défenses à la mâchoire inférieure aussi bien qu'à la mâchoire supérieure.

Le *Mastodon Pentelici* de Pikermi ajoute un intermédiaire entre les espèces de Mastodontes les plus éloignées, telles que celles des *Trilophodon* et des *Tetralophodon*.

Le tableau qui suit fait ressortir les transitions que l'on commence à constater entre les Proboscidiens [1].

---

[1] Pour le composer, je me suis principalement servi des publications de Falconer et des collections du British Museum.

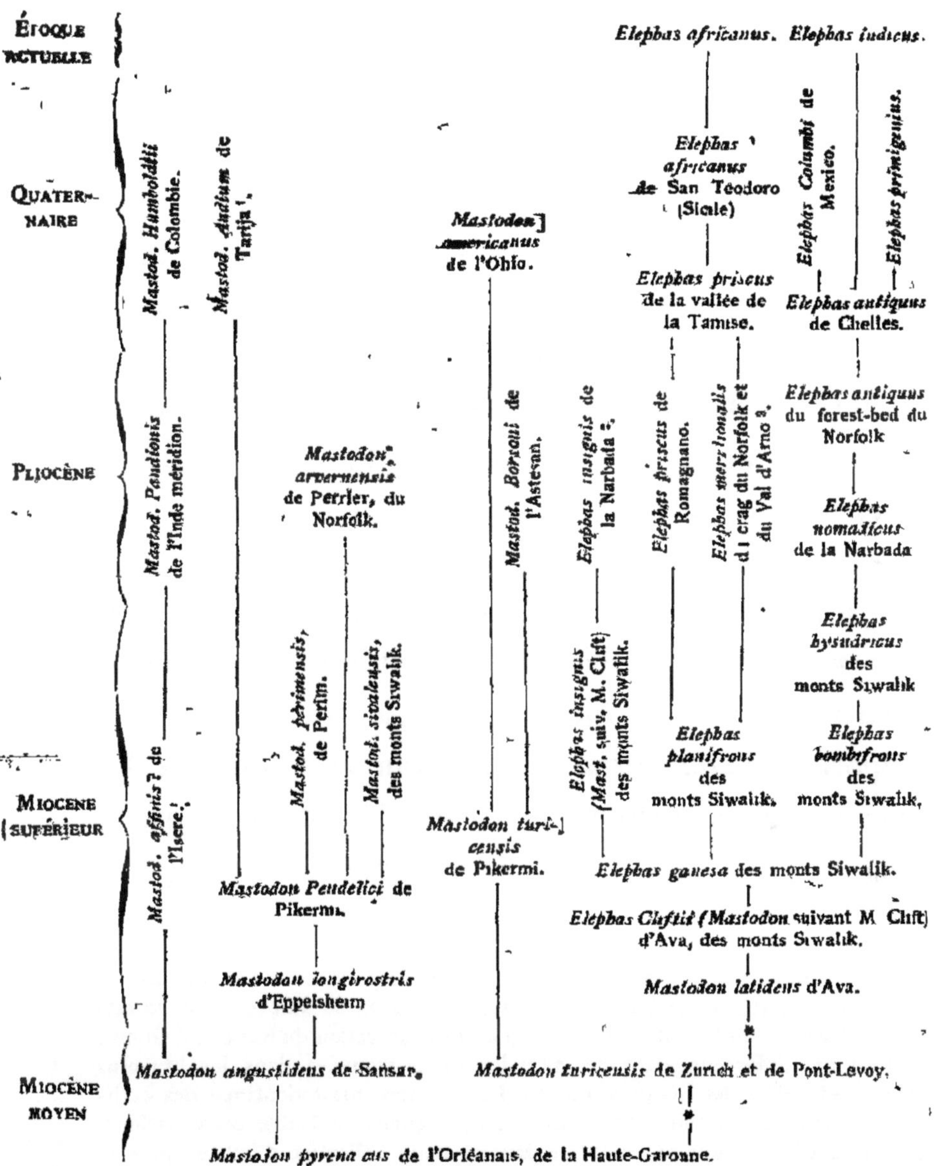

[1] Il se peut qu'une partie des espèces américaines que je place dans le terrain quaternaire se rapporte au terrain pliocène.

[2] Suivant M. Lydekker, la couche à ossements de la Narbada sont quaternaires et celles des Siwalik sont pliocenes.

[3] Cette espèce présente un curieux exemple de lente modification; car a son début, c'est-à-dire dans le crag, ses molaires ont les digitations d'émail

On rencontre à Pikermi les débris d'un Quadrupède
encore plus imposant que les Mastodontes : c'est le *Dinotherium* (fig. 34). Le crâne d'un *Dinotherium* fut déterré
en 1836 ; on l'apporta à Paris, et il fut exposé rue
Neuve-Vivienne. Chacun voulut le voir ; on admirait ses
proportions colossales, et l'on se perdait en conjectures
sur ses défenses qui se courbent vers le sol, au lieu de
se tourner vers le ciel, comme chez les autres animaux.
On ne connaissait pas les os de ses membres, par conséquent on ne savait à quel ordre le rattacher. De Blainville, Strauss, Buckland, naturalistes éminents, le rangèrent parmi les animaux aquatiques. Lartet fut presque
seul à prétendre que ce devait être un animal terrestre,
plus voisin des Éléphants que de toute autre espèce.
J'ai trouvé des os des membres qui paraissent devoir être
rapportés au *Dinotherium;* leur examen a confirmé les
ingénieuses prévisions de Lartet. Un de ces os, le
tibia, est long de 1 mètre. J'ai cherché à évaluer quelle

de leurs collines assez massives et assez distinctes pour avoir pu, au dire de
Falconer, être attribuées à un Mastodonte ; quand on la suit dans le forest-
bed du Norfolk, on la voit donner lieu à cette observation du Révérend Gunn :
« Il y a une différence marquée entre les dents trouvées dans les lits plus
anciens et celles des lits plus récents. Le caractère mastodontique des collines est diminué ; l'émail est plus fin, moins rugueux. » Outre ces variations,
M. Gunn a bien voulu me montrer dans sa belle collection d'Irstead, près de
Norwich, une molaire large comme celle de l'*Elephas meridionalis* avec des
lames qui rappellent l'*Elephas antiquus*, et une autre molaire où les lames aussi
épaisses que dans aucun *Elephas meridionalis*, sont aussi serrées les unes contre
les autres que dans l'*Elephas primigenius*. Réciproquement, il y a dans le
musée de Norwich une molaire qui a ses lames minces comme dans l'*Elephas
primigenius*, et cependant très écartées les unes des autres.

pouvait être la taille du *Dinotherium*, en me basant sur les dimensions des pièces que j'ai recueillies. D'après

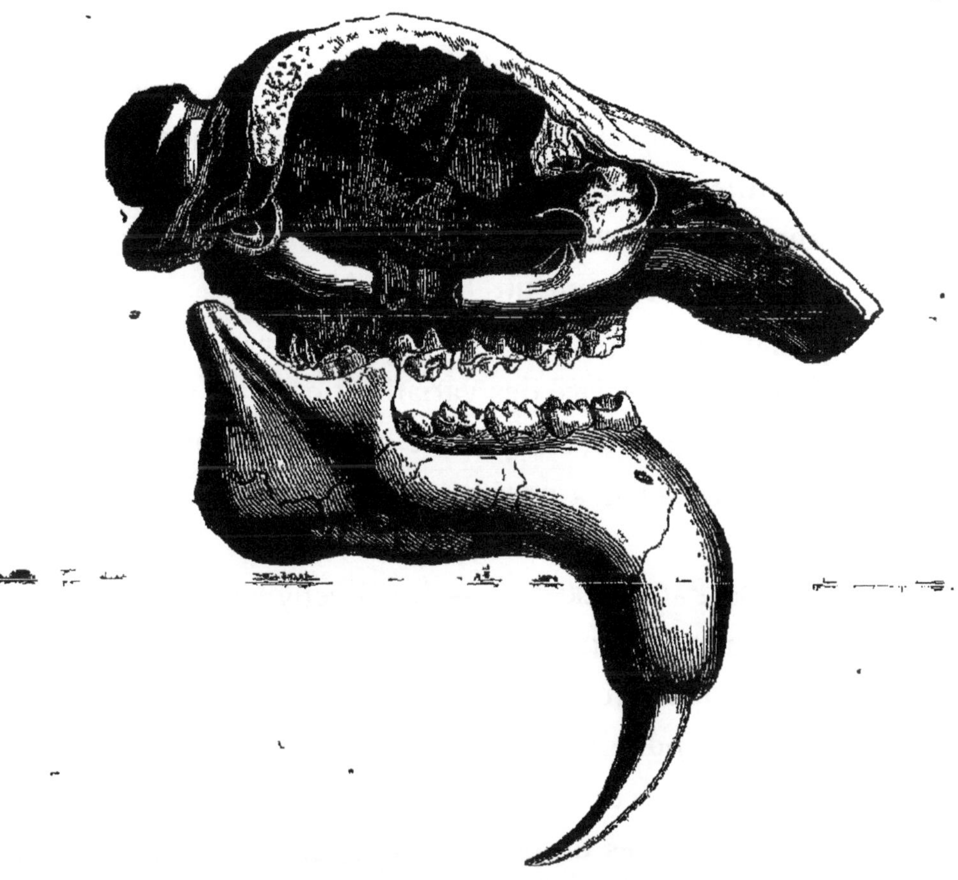

Fig. 34.   Tête de *Dinotherium* d'Eppelsheim.

mes calculs, il aurait eu 4^m,50 de hauteur au garrot. Pour donner des termes de comparaison, je dirai que le Muséum possède plusieurs squelettes d'Éléphants de l'époque actuelle, et que le plus fort de ces squelettes.n'a que 2^m,75. Le Muséum renferme aussi un squelette de Mastodonte qui a été remonté ; il n'a que 2^m,40. Ces chiffres prouvent combien le *Dinotherium* était gigantesque ; c'est le plus grand des êtres qui ont vécu sur la terre ferme.

Si les membres que j'ai attribués au *Dinotherium* appartiennent à cet animal, il a formé un lien entre des Mammifères bien distincts de nos jours, puisque son crâne rappelle surtout les Lamantins, tandis que ses membres annoncent un Proboscidien.

Quant aux espèces que l'on a instituées dans le genre *Dinotherium*, malgré des variations de taille qui vont du simple au double, Kaup a dit qu'elles passaient les unes aux autres, et il a proposé de les réunir.

4° LES PACHYDERMES. — Les Pachydermes du genre Rhinocéros offrent aussi des passages intéressants. Ils comprennent trois types : celui sans grandes incisives, celui à grandes incisives, celui à narines cloisonnées. Une des espèces de Pikermi établit un intermédiaire entre les formes du premier type, puisqu'elle ressemble par son crâne au *Rhinocéros bicorne,* par ses membres au *Rhinocéros camus* (sauf des différences extrêmement légères) ; une seconde espèce de Grèce a des rapports frappants avec le Rhinocéros de Sumatra, représentant du second type ; en outre, dans les espèces fossiles, le développement des incisives varie de manière à consti-

tuer des transitions entre les deux premiers types [1]. Quant
au troisième type, celui à narines cloisonnées, on le crut
d'abord bien tranché ; mais on est parvenu à découvrir
en Angleterre, en France et en Italie des Rhinocéros à
demi-cloison sous le nez, marquant un passage de ceux
qui ont une cloison complète à ceux qui en sont dépour-
vus. Ainsi, les espèces de Rhinocéros, comme les espèces
de Mastodontes, se lient entre elles ; et, de même que
les Mastodontes se rapprochent des Éléphants, les Rhinocéros se rapprochent de genres qui en paraissaient très
différents, tels que l'*Acerotherium*, le *Palæotherium*, le
Paloplotherium. On se rendra compte de ces rapports
en étudiant le tableau suivant où j'ai joint aux Rhinocéros quelques-uns des animaux qui les ont précédés :

---

[1] On en peut donner la démonstration en réunissant les croquis des mâchoires inférieures du *Rhinoceros bicornis* adulte, du *Rhinoceros bicornis* jeune, du
Rhinoceros megarhinus de Montpellier, du *Rhinoceros pachygnathus*, du Rhinocéros
de Randan, du *Rhinoceros platyrhinus*, de l'*Acerotherium* d'Eppelsheim et de
l'*Acerotherium* de Pikermi.

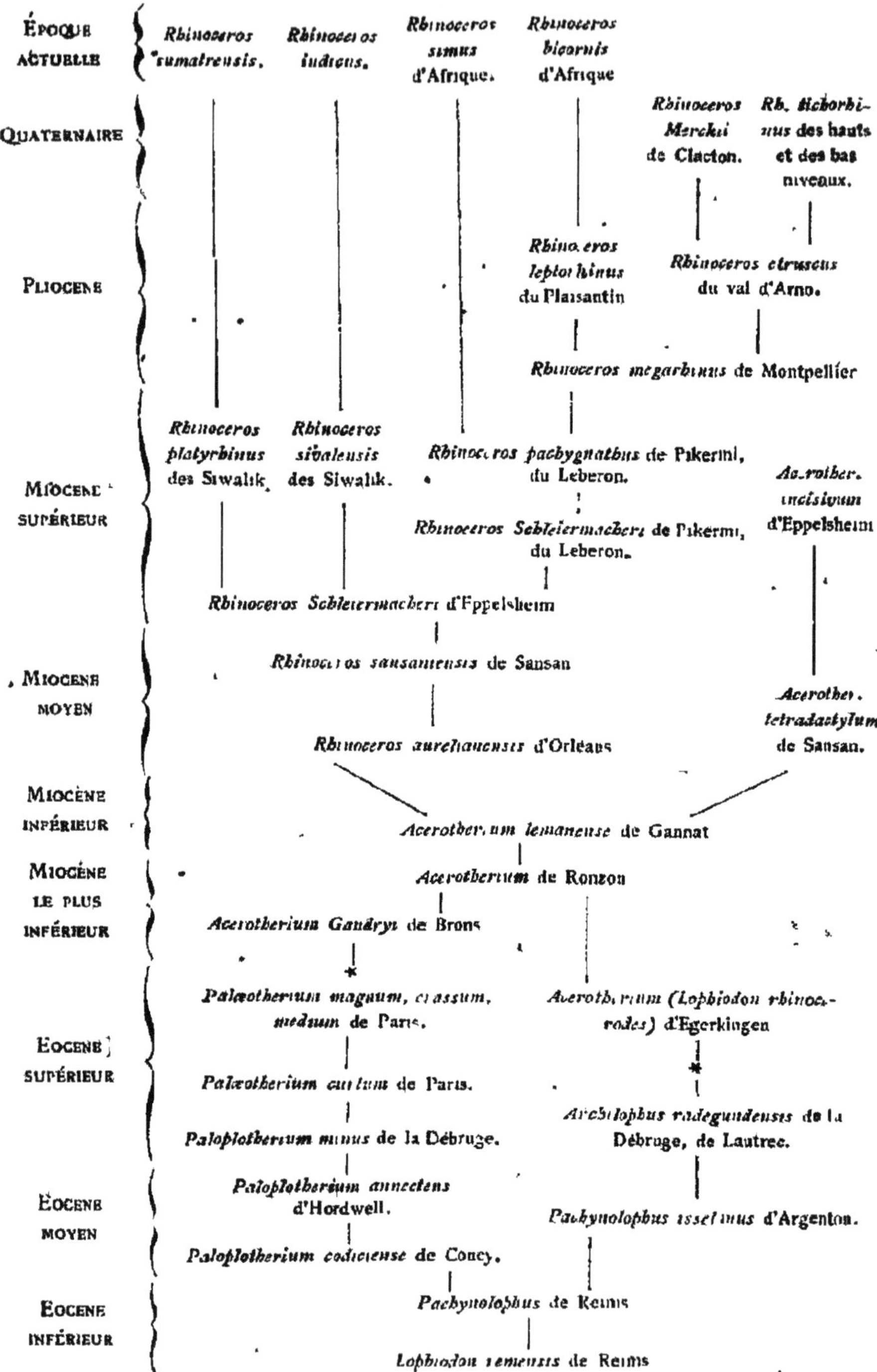
ÉPOQUE ACTUELLE
Rhinoceros sumatrensis.
Rhinoceros indicus.
Rhinoceros simus d'Afrique.
Rhinoceros bicornis d'Afrique
QUATERNAIRE
Rhinoceros Merckii de Clacton.
Rh. tichorhinus des hauts et des bas niveaux.
PLIOCÈNE
Rhinoceros leptorhinus du Plaisantin
Rhinoceros etruscus du val d'Arno.
Rhinoceros megarhinus de Montpellier
Rhinoceros platyrhinus des Siwalik.
Rhinoceros sivalensis des Siwalik.
Rhinoceros pachygnathus de Pikermi, du Leberon.
Acerother. incisivum d'Eppelsheim
MIOCÈNE SUPÉRIEUR
Rhinoceros Schleiermacheri de Pikermi, du Leberon.
Rhinoceros Schleiermacheri d'Eppelsheim
Rhinoceros sansaniensis de Sansan
MIOCÈNE MOYEN
Acerother. tetradactylum de Sansan.
Rhinoceros aureliaensis d'Orléans
MIOCÈNE INFÉRIEUR
Acerotherium lemanense de Gannat
MIOCÈNE LE PLUS INFÉRIEUR
Acerotherium de Ronzon
Acerotherium Gaudryi de Brons
Palaeotherium magnum, crassum, medium de Paris.
Acerotherium (Lophiodon rhinocerodes) d'Egerkingen
ÉOCÈNE SUPÉRIEUR
Palaeotherium curtum de Paris.
Paloplotherium minus de la Débruge.
Archilophus radegundensis de la Débruge, de Lautrec.
ÉOCÈNE MOYEN
Paloplotherium annectens d'Hordwell.
Pachynolophus isselanus d'Argenton.
Paloplotherium codiciense de Concy.
ÉOCÈNE INFÉRIEUR
Pachynolophus de Reims
Lophiodon remensis de Reims

Rien ne se ressemble moins, en apparence, qu'un ani-mal dont le nez est surmonté d'une corne et celui qui est muni d'une trompe : car, chez le premier, il faut que les os du nez se développent assez pour supporter la corne ; au contraire, chez le second, les os du nez doivent se rapetisser pour laisser passer la trompe.

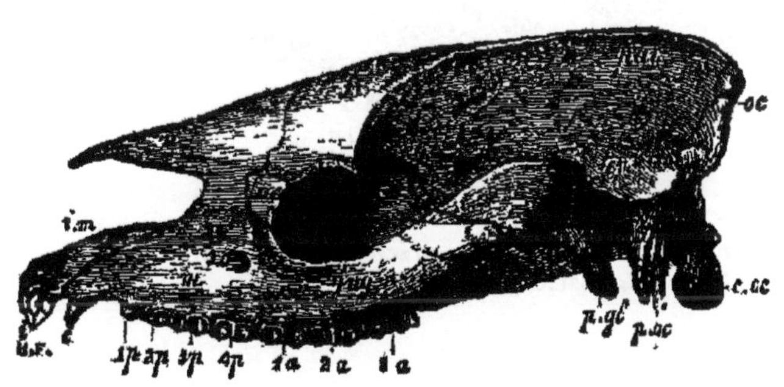

Fig. 35. — Crâne du *Palæotherium crassum*, vu de profil, à 1/5 de grandeur : *par*, pariétal ; *p.gl.*, apophyse post-glénoïde du temporal ; *oc.*, occipital ; *c.oc.*, condyle occipital ; *p.oc.*, para-occipital. — Gypse de Paris.

Or, voici le crâne du *Palæotherium* (fig. 35), un des Qua-drupèdes dont la restauration a été due au génie de Cuvier ; on voit que les os du nez sont très petits ; ils le sont tellement, qu'à leur seule inspection, Cuvier a supposé l'existence d'une trompe analogue à celle du Tapir.

Passons à l'*Acerotherium* (fig. 36), genre d'une origine un peu plus récente que le *Palæotherium* ; les os du nez se sont assez allongés pour qu'il n'y ait plus de place

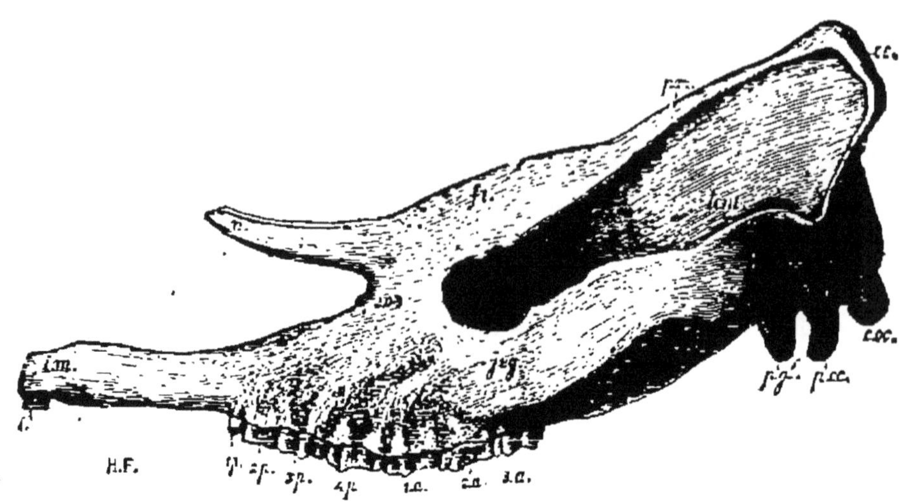

Fig. 36. — Crâne de l'*Aceratherium incisivum*, vu de profil à 1/7 de grandeur. Mêmes lettres que la figure précédente. — Miocène supérieur d'Eppelsheim (Hesse-Darmstadt).

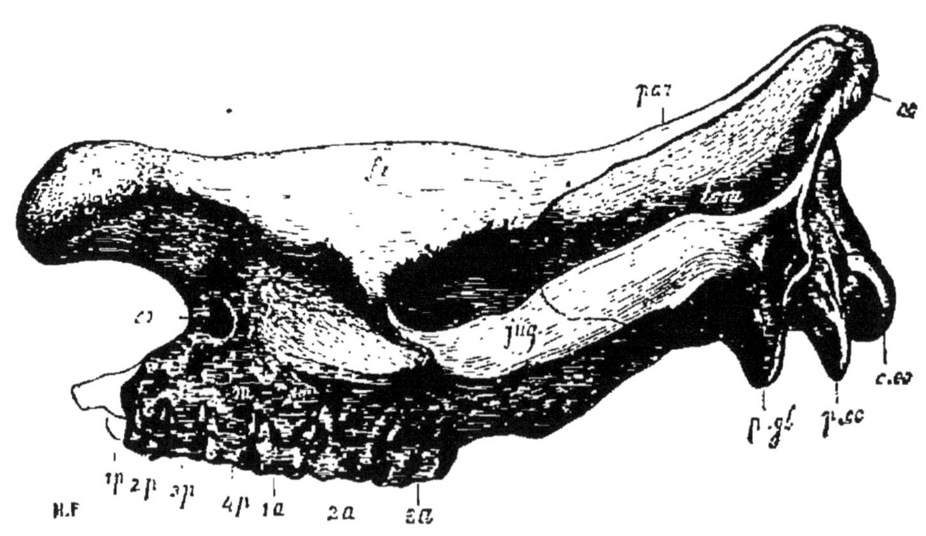

Fig. 37. — Crâne du *Rhinoceros pachygnathus*, vu de profil,
à 1/7 de grandeur. — Miocène supérieur de Pikermi.

pour une trompe, mais pas assez pour qu'ils aient pu soutenir une corne[1].

Continuons à descendre le cours des siècles géologiques; nous rencontrons un des Rhinocéros dont les

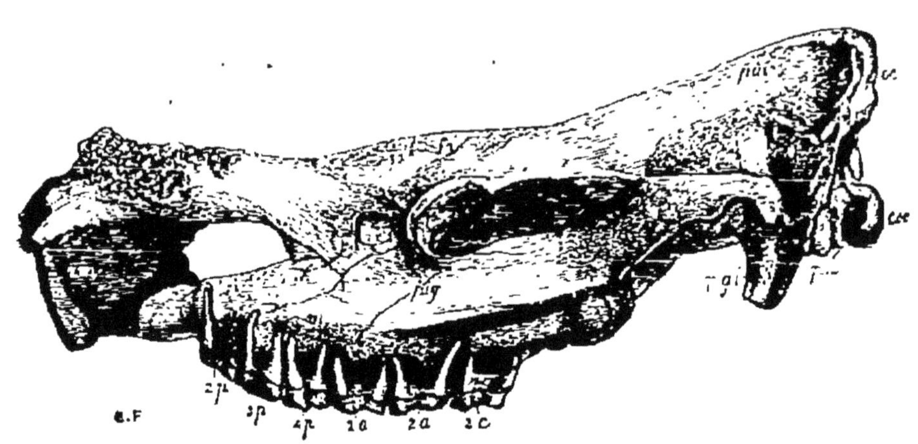

Fig. 38. — Crâne du *Rhinoceros etruscus*, vu de profil, à 1/7 de grandeur. — Pliocène du val d'Arno.

restes sont enfouis à Pikermi ; chez cette espèce, les os du nez se sont épaissis de manière à supporter une corne (fig. 37).

Avançons toujours dans la série des âges : voici un Rhinocéros (fig. 38), où les os du nez sont non seulement épaissis, mais sont fortifiés par une demi-cloison qui s'est étendue au-dessous d'eux.

Enfin, arrivons à l'époque quaternaire : nous contem-

---

1 Il avait peut-être une corne sur le front.

plons le Rhinocéros appelé *Rhinocéros à narines cloisonnées,* qui fut contemporain de nos premiers aïeux, et
peut-être fut acteur dans ce drame sublime où l'Homme,
faible, nu, avec un simple caillou dans la main, affronta
et vainquit les monstres des temps géologiques. Eh
bien ! il n'a pas seulement une demi-cloison ; il a une
cloison entière, de sorte que sa corne reposait sur une
base d'une solidité à toute épreuve.

5° LES SANGLIERS. — M. Rütimeyer a fait observer que
l'on admet dans une même espèce, chez les Sangliers
vivants, des variations égales à celles qui sont appelées
spécifiques chez d'autres animaux. Il est impossible de
rien affirmer sur les Sangliers fossiles, attendu qu'ils
ont été classés d'après des matériaux très insuffisants ;
on peut dire seulement que les espèces actuelles ont été
précédées par une multitude d'animaux auxquels on a
donné des noms distincts, et qui se lient tellement par
la dentition que, si leurs autres caractères présentent
les mêmes passages, il deviendra très difficile de discerner ce qui est espèce et ce qui est variété.

Le Sanglier de l'Attique nommé *Sus erymanthius* est
l'espèce fossile dont on possède aujourd'hui le plus
d'exemplaires ; c'est un type intermédiaire. Dans le
tableau suivant, j'ai groupé quelques espèces de Suidés
d'après l'ordre géologique :

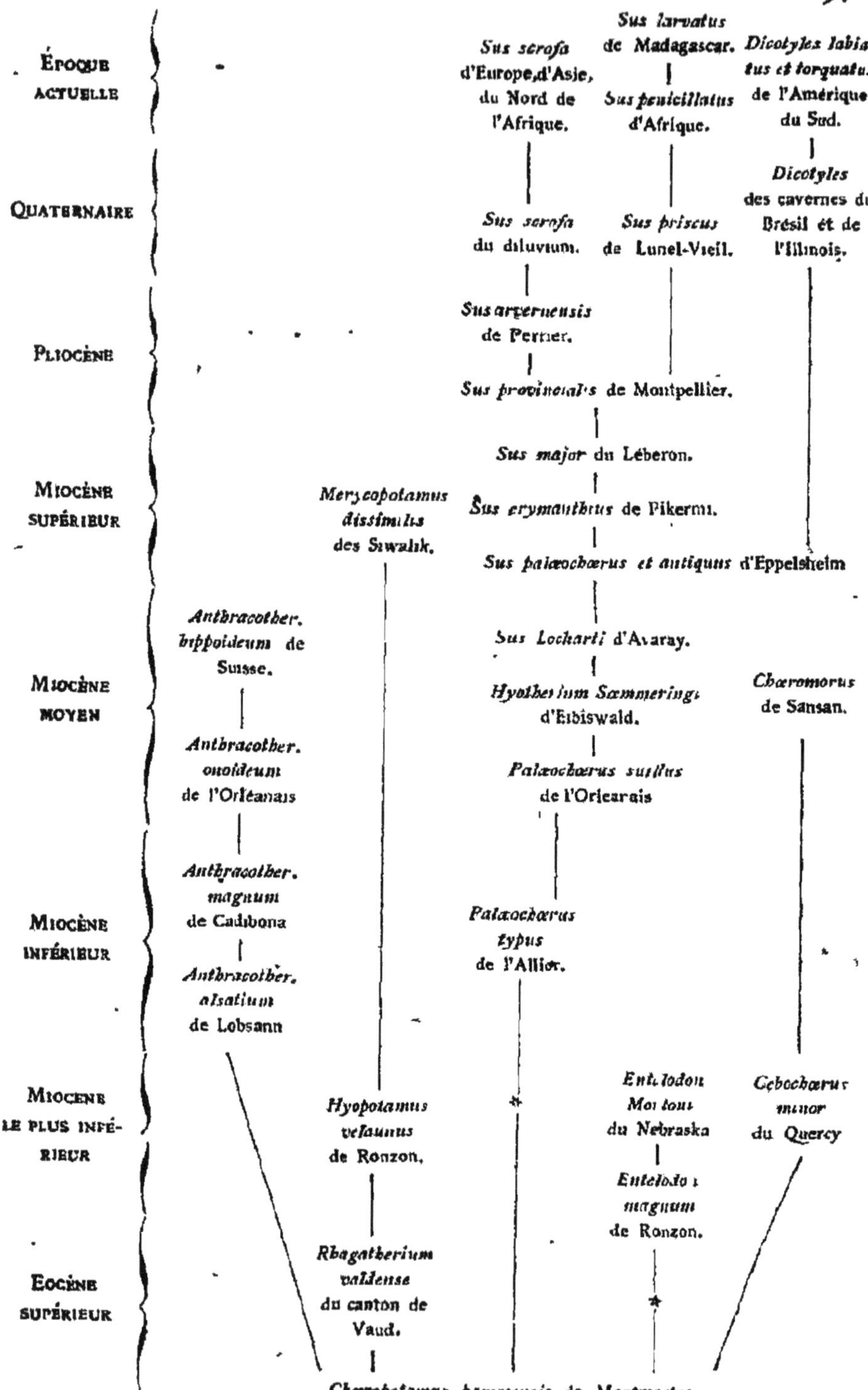
ÉPOQUE ACTUELLE
QUATERNAIRE
PLIOCÈNE
MIOCÈNE SUPÉRIEUR
MIOCÈNE MOYEN
MIOCÈNE INFÉRIEUR
MIOCÈNE LE PLUS INFÉRIEUR
ÉOCÈNE SUPÉRIEUR
Sus scrofa d'Europe, d'Asie, du Nord de l'Afrique.
Sus larvatus de Madagascar.
Sus penicillatus d'Afrique.
Dicotyles labiatus et torquatus de l'Amérique du Sud.
Sus scrofa du diluvium.
Sus priscus de Lunel-Vieil.
Dicotyles des cavernes du Brésil et de l'Illinois.
Sus arvernensis de Perrier.
Sus provincialis de Montpellier.
Sus major du Léberon.
Sus erymanthius de Pikermi.
Sus palæochærus et antiquus d'Eppelsheim
Merycopotamus dissimilis des Siwalik.
Sus Lochardi d'Avaray.
Hyotherium Sœmmeringi d'Eibiswald.
Chæromorus de Sansan.
Anthracother. hippoideum de Suisse.
Palæochœrus suillus de l'Orléanais
Anthracother. onoideum de l'Orléanais
Anthracother. magnum de Cadibona
Palæochœrus typus de l'Allier.
Anthracother. alsatium de Lobsann
Hyopotamus velaunus de Ronzon.
Entelodon Mortoni du Nebraska
Cebochœrus minor du Quercy
Entelodon magnum de Ronzon.
Rhagatherium valdense du canton de Vaud.
Chæropotamus parisiensis de Montmartre.

6° LES SOLIPÈDES. — Avant la découverte des Hipparions, le genre Cheval était isolé dans la nature actuelle, et on avait créé pour lui l'ordre des Solipèdes, caractérisé par la présence d'un seul doigt à chaque pied. Les Hipparions, qui ont des petits doigts latéraux semblables à ceux des *Anchiterium*, ont permis de rattacher l'ordre des Solipèdes à celui des Pachydermes ; les remarques de Gurlt, Hensel, Joly, Lavocat, etc., ont montré que les caractères des pieds des Hipparions réapparaissaient téralotogiquement sur les pieds des Chevaux. J'ai recueilli un nombre immense d'os d'Hipparions, et cela m'a fourni l'occasion de constater dans une même espèce des variétés tellement marquées que sans doute elles seraient considérées comme des espèces distinctes, si je ne possédais pas les intermédiaires entre les formes extrêmes. En même temps, j'ai vu que certains Hipparions du Vaucluse, de l'Allemagne, de l'Inde se rapprochaient assez des variétés de Pikermi pour faire supposer une communauté d'origine, et que cependant la plupart des individus se distinguaient dans le Vaucluse par des os plus minces, dans l'Inde par une plus haute stature, en Allemagne par un ensemble plus fort et par des molaires à émail plus plissé : ceci donnerait à penser que l'Auteur de la nature tira d'une même origine les Hipparions que nous venons de nommer, et traça sur eux quelques traits particuliers, selon qu'il les conduisit en France, en Allemagne ou dans l'Inde.

Comme les Hipparions, les Chevaux fossiles ont été partagés en plusieurs espèces dont la délimitation est très difficile. Marcel de Serres, qui a fait une étude spéciale des variétés du terrain quaternaire, s'est exprimé ainsi : « A l'époque des dépôts diluviens, soit dans l'intérieur des cavités souterraines, soit à la surface du sol, les Chevaux avaient été modifiés au point de présenter des races distinctes et assez diversifiées. » Si ces races étaient naturelles, ce serait un fait bien grave en faveur de la variabilité des formes fossiles ; mais Marcel de Serres a supposé qu'elles étaient le résultat de l'action des premiers Hommes ; c'est là un important sujet à éclaircir.

Je vais donner la liste de quelques Équidés rangés selon l'ordre géologique. Je n'ai pu y comprendre les genres et les espèces cités par M. Leidy dans le terrain pliocène du Niobrara, parce que je les connais trop imparfaitement ; d'après ce qu'en a déjà publié ce savant naturaliste, il n'est pas douteux qu'ils soient d'un grand intérêt au point de vue de l'étude des formes intermédiaires [1].

---

[1] J'ai laissé provisoirement dans le terrain pliocène les Mammifères trouvés dans le red crag du Suffolk ; mais, suivant M. Lankester, la plupart des fossiles du red crag proviendraient de terrains plus anciens. Les dents d'Hipparion de Woodbridge, que j'ai vues au British Museum, semblent avoir été roulées.

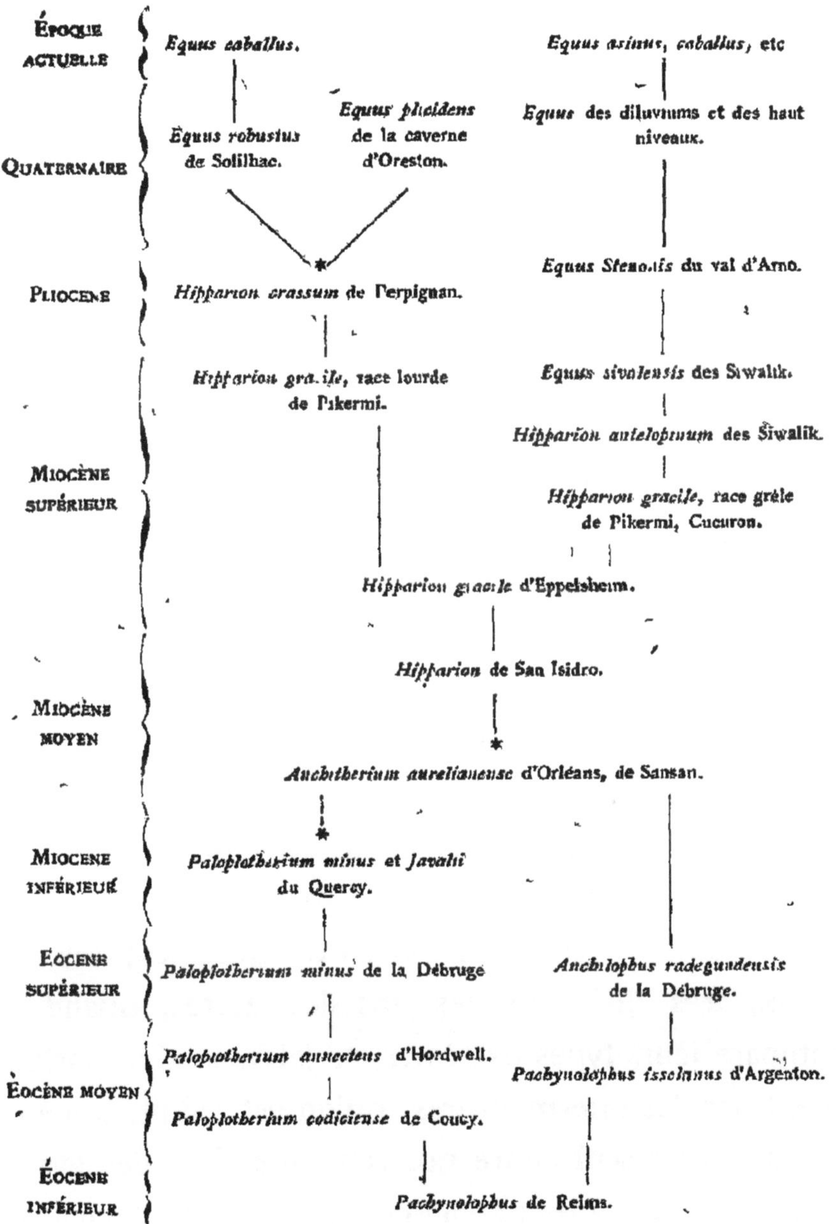
ÉPOQUE ACTUELLE
QUATERNAIRE
PLIOCÈNE
MIOCÈNE SUPÉRIEUR
MIOCÈNE MOYEN
MIOCÈNE INFÉRIEUR
ÉOCÈNE SUPÉRIEUR
ÉOCÈNE MOYEN
ÉOCÈNE INFÉRIEUR
Equus caballus.
Equus robustus de Solilhac.
Equus plicidens de la caverne d'Oreston.
Hipparion crassum de Perpignan.
Hipparion gracile, race lourde de Pikermi.
Hipparion gracile d'Eppelsheim.
Hipparion de San Isidro.
Anchitherium aurelianense d'Orléans, de Sansan.
Paloplotherium minus et Javali du Quercy.
Paloplotherium minus de la Débruge.
Paloplotherium annectens d'Hordwell.
Paloplotherium codiciense de Coucy.
Equus asinus, caballus, etc
Equus des diluviums et des haut niveaux.
Equus Stenonis du val d'Arno.
Equus sivalensis des Siwalik.
Hipparion antelopinum des Siwalik.
Hipparion gracile, race grêle de Pikermi, Cucuron.
Anchilophus radegundensis de la Débruge.
Pachynolophus issoldunus d'Argenton.
Pachynolophus de Reims.

7° Les Ruminants, — Lorsque Falconer et Cautley rencontrèrent pour la première fois. dans l'Inde une Girafe fossile, ils écrivirent ces lignes: « La découverte des Girafes fossiles ajoute un nouvel anneau à la chaîne qui s'accroît rapidement, et qui, tôt ou tard, reliera les formes éteintes ou existantes en une série continue... La Girafe a d'abord... occupé une position isolée dans l'ordre auquel elle appartient; elle a maintenant ses analogues fossiles. Il en est de même du Chameau; il est représenté dans l'Inde à l'état fossile par le *Camelus sivalensis*. Le jour où les lits ossifères de l'Asie et de l'Afrique seront mieux connus, il faudra s'attendre à trouver des formes intermédiaires qui rempliront le large intervalle par lequel la Girafe est à présent séparée des Ruminants chargés de bois. » Le *Camelopardalis attica*, découvert à Pikermi, et peut-être aussi le *Palæotragus* et l'*Orasius*, commencent à réaliser l'annonce des savants auteurs de la *Fauna sivalensis*.

On a vainement cherché à établir. des groupes bien définis dans la grande famille des Antilopes; ces animaux, très différents les uns des autres, quand on compare leurs types extrêmes, se joignent si insensiblement par des intermédiaires, qu'on est réduit, soit à les réunir en un seul genre qui renferme alors des formes disparates, soit à les partager en groupes qui deviennent chaque jour plus nombreux. Ainsi M. Gray admet trente-sept genres d'Antilopes vivantes. Je ne parviens

à faire rentrer dans ces genres à limites étroites presque
aucun des fossiles de Grèce. Où placerai-je le *Tragocerus*

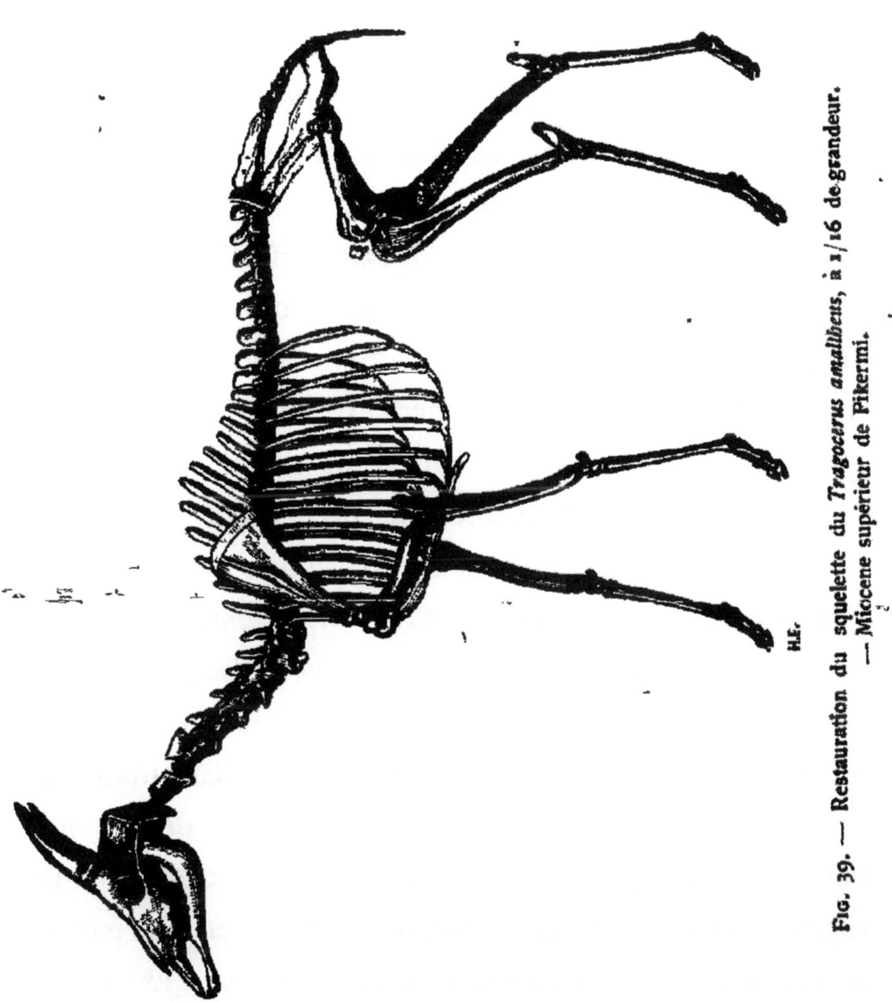

FIG. 39. — Restauration du squelette du *Tragocerus amaltheus*, à 1/16 de grandeur.
— Miocène supérieur de Pikermi.

(fig. 39), qui a des cornes de Chèvre avec une dentition
et des membres d'Antilope, le *Palæoreas* qui a des
cornes d'*Oreas* avec la plupart des caractères des Gazel-

les, le *Palæoryx* qui rappelle l'*Oryx* par ses cornes et s'en éloigne par ses molaires? On pourrait aussi classer la Gazelle de Pikermi dans un genre spécial à cause de ses os du nez bien plus longs que dans les Gazelles, puisqu'on a créé le genre *Saïga* pour des Gazelles à os du nez très courts. Dans la famille des Antilopes plus que dans toute autre, ces nouveaux venus vont apporter des complications à la nomenclature. Si l'on songe que Pikermi est la première localité où l'on ait trouvé de nombreuses Antilopes fossiles, et que sans doute la découverte d'autres gisements amènera au jour la même multitude de formes intermédiaires, on doit craindre que la science ne soit au début d'un travail inextricable.

Des réflexions semblables se présentent en face du groupe d'animaux auxquels on donne les noms de *Dremotherium*, d'*Amphitragulus*, de *Palæomeryx*, de *Micromeryx*, d'*Hyœmoschus* de *Dorcatherium*. Ils se lient ensemble, et marquent des affinités avec les Cervidés, les Tragulidés et les Suidés. Le Ruminant de Pikermi, que j'ai rangé provisoirement près des *Dremotherium*, forme un chaînon de plus (si toutefois mes rapprochements ont été exacts), car il ressemble par ses molaires aux *Dremotherium* et aux *Palæomeryx*, tandis que son crâne est le même que chez l'Antilope appelée *Neotragus*.

Pour achever de prouver que les fossiles jouent, les

uns par rapport aux autres, le rôle d'intermédiaires, et qu'ils participent aux caractères d'animaux qui paraissaient autrefois très distincts, il est curieux de rappeler à combien d'erreurs on est exposé, lorsqu'on veut baser une détermination sur une pièce isolée; nous en trouvons plusieurs exemples, sans sortir des faits cités dans Pikermi.

En premier lieu, on a vu qu'il est quelquefois difficile de marquer le genre ou le sous-genre auquel ont appartenu des morceaux séparés :

Ainsi, Wagner a décrit sous le nom de *Chèvre amalthée* les cornes du *Tragocerus*. pendant qu'il attribuait ses dents à l'*Antilope speciosa (Palæoryx)* et à l'*Antilope Lindermayeri (Palæoreas)*; en même temps, il rapportait les mâchoires de cette dernière espèce à l'*Antilope (Gazella) brevicornis*.

Tant que Lartet, M. Beyrich et moi n'avons étudié que le crâne du Singe de Grèce, nous l'avons rangé parmi les Semnopithèques; c'était une erreur, puisque ses membres sont semblables à ceux des Macaques; si, au lieu du crâne, nous avions rencontré d'abord ses membres, nous aurions pu nous tromper de même en les prenant pour ceux d'un Macaque.

Lorsqu'on n'a eu qu'une mandibule du *Simocyon diaphorus* où la tuberculeuse avait disparu, on a pensé que cet animal était un Glouton ; sa mâchoire supérieure a été attribuée à un Loup.

Quand j'ai trouvé, dans mes premières fouilles, une mâchoire incomplète du *Mastodon Pentelici* avec les deux premières dents de lait, Lartet et moi avons supposé qu'elle provenait du sous-genre *Tetralophodon*; cependant ses troisièmes molaires de lait ont le caractère de celles du *Trilophodon*.

Comme preuve de la difficulté de déterminer, non pas seulement le genre, mais la famille d'un Mammifère dont on n'a que des restes isolés, je citerai le *Machairodus* que Nesti, Cuvier et Croizet placèrent dans la famille des Ursidés, tandis qu'il est le type le plus parfait de celle des Félidés. L'*Ictitherium hipparionum* est un Viverridé si voisin des Hyénidés que. sans la seconde tuberculeuse de sa mâchoire supérieure, on le prendrait pour un Hyénidé, et, en effet, le nom d'*Hyæna hipparionum* a probablement été établi pour un morceau d'*Ictitherium* où manquait cette dent.

Enfin, comme exemple de l'embarras que parfois on éprouve pour fixer l'ordre d'un Mammifère d'après des pièces détachées, je rappellerai de nouveau l'histoire du *Dinotherium* : Cuvier, ayant vu ses dents, le rapprocha des Tapirs; lorsqu'on eut découvert son crâne, Buckland, Strauss et de Blainville le rangèrent parmi les animaux aquatiques; maintenant que la plupart des os de ces membres sont connus, nous savons que c'est un Proboscidien.

Les déterminations inexactes que je viens de citer ne

peuvent être confondues avec les erreurs dues à un examen superficiel. La plupart ont été commises par les maîtres de la science paléontologique. Qui donc serait fondé à blâmer Cuvier d'avoir attribué les dents du *Dinotherium* à un Tapir gigantesque, Buckland, Strauss, de Blainville d'avoir jugé son crâne assez semblable à celui d'un animal aquatique, Wagner d'avoir décrit les cornes du *Tragocerus* sous le nom de Chèvre, Duvernoy d'avoir pris les os des membres du Rhinocéros de Grèce pour ceux du *Rhinoceros lichorhinus* ? Ce qu'ont fait ces habiles naturalistes, ils devaient le faire[1] ; ils ont rapproché avec une parfaite exactitude les échantillons fossiles des os des Mammifères vivants qui leur ressemblent davantage ; mais ceci n'a pu leur faire deviner de quel animal ces débris provenaient. Et pourquoi se sont-ils trompés, pourquoi chacun de nous se trompera-il encore ? C'est qu'une espèce se rattache à celle-ci par tel caractère, à celle-là par tel autre caractère ; elle a des liens avec plusieurs, et souvent avec celles dont nous la supposions séparée par un profond intervalle.

Tout en remarquant que les Quadrupèdes des âges géologiques ont emprunté des traits communs à ceux qui les ont précédés, je ne veux pas nier qu'il se soit

---

[1] Quand on n'a pas des échantillons suffisants pour caractériser un genre ou une espèce, un rapprochement provisoire, qui risque un jour d'être démontré inexact, vaut mieux que la création d'un nom nouveau ; car il indique quelque chose, le nouveau nom n'apprend rien.

manifesté chez eux certains traits qui leur sont propres ;
ainsi l'*Hyæna eximia* a une carnassière supérieure munie
d'un talon plus faible que chez les espèces d'Hyènes
entre lesquelles elle établit un passage ; l'Hipparion a une
sorte de larmier que n'ont pas les Chevaux ; les os du
carpe et du tarse du *Rhinoceros pachygnathus* ont des
particularités (à la vérité très peu importantes) que je
n'ai pas vues chez les Rhinocéros vivants d'Afrique ; le
Sus-erymanthius a une arcade zygomatique plus épaissie
que dans les autres espèces. Il est évident que des caractères nouveaux ont dû se développer de temps en temps ;
autrement, on ne s'expliquerait pas comment les faunes
ont changé, au lieu de tourner toujours dans le même
cercle. Ce que je veux dire, c'est que souvent, entre les
espèces d'époques consécutives, les différences sont si
petites et les ressemblances si grandes que, pour tracer
leurs limites, il faut s'attacher à des détails minimes.
Peu à peu, dans chaque ordre, se justifie ce que M. Owen
a dit des Ongulés : « Comme le nombre des chaînons
augmente dans la série des Mammifères ongulés, les
marques de distinction deviennent moins saillantes et
le descripteur est tenu à une plus minutieuse attention. »

VII. *Les fossiles qui présentent des types intermédiaires se rencontrent dans tous les gisements.*

On ne peut considérer Pikermi comme une localité où par hasard se trouvent rassemblés des fossiles qui constituent des types de transition. Ce qu'apprend ce gisement, les autres l'apprennent de même, car, sous une apparente diversité, les opérations de la nature ont une extrême ressemblance. Les admirables travaux d'Owen sur les Vertébrés en sont presque tous une preuve frappante [1].

Si, par exemple, au lieu d'avoir pour point de départ la faune de Pikermi, on avait à considérer des Quadrupèdes quaternaires, on découvrirait entre eux et les espèces qui les ont précédés ou suivis des passages non moins évidents que ceux dont je me suis occupé : de bien faibles différences séparent l'*Ursus priscus* de l'Ours brun, le *Felis antiqua* de la Panthère, l'*Hyæna spelæa* de l'Hyène tachetée, l'*Hyæna prisca* de l'Hyène rayée, l'*Arctomys primigenia* de la Marmotte, le *Lepus priscus*

---

[1] On s'en convaincra surtout en lisant les mémoires sur les Pachydermes publiés vers l'année 1847 dans les *Proceedings of the geological Society*, et l'ouvrage intitulé *Palæontology* où sont réunis sous une forme concise les résultats des recherches d'une vie toute consacrée à l'étude du monde fossile.

du Lapin, l'*Hippopotamus major* de l'Hippopotame com-
mun en Afrique, le *Sus priscus* du Sanglier à masque,
le *Bos primigenius* du Taureau [1], le *Bos longifrons* du
petit Bœuf qui vit en Islande, le *Bison priscus* de l'Aurochs, etc. De même, si nous quittions l'ancien continent
pour étudier l'Amérique ou l'Australie, nous aperce-
vrions des rapports entre la faune quaternaire et la
faune actuelle ; on voit se continuer en Amérique les
formes d'Édentés, et en Australie les formes de Marsupiaux.

D'après ce qu'ont déjà appris d'habiles observateurs,
il est permis de penser que le jour où les gisements de
l'Auvergne et du Velay seront fouillés sur une grande
échelle, on découvrira des passages insensibles entre les
êtres des époques pliocène et quaternaire. Les Cerfs de
ces époques m'étonnent par la multiplicité de leurs
espèces ; leur étude, au point de vue des types intermédiaires, présenterait de précieux renseignements.

Dans la faune miocène de Sansan, presque tous les
genres nouveaux sont, comme à Pikermi, des types de
transition. Lartet a dit du *Taxodon* : « Sa dentition
rentre, pour la partie qui est connue, dans la formule
particulière au Blaireau ; mais elle accuse dans ses détails
caractéristiques une tendance assez marquée vers la

---

[1] Les travaux de M. Leidy et de M. Rütimeyer sur les Bœufs montrent
combien ces animaux se lient entre eux.

Loutre. » Le même savant a prétendu que les incisives et les canines de l'*Amphicyon* sont assez bien dans la forme de celle du Raton, que ses molaires rentrent dans le plan du *Canis megalotis*, et que le système digital rappelle l'Ours. Quant à l'*Hemicyon*, « plus voisin du Chien que l'*Amphicyon*, il semble se rapprocher par quelques détails de ses dents caractéristiques de certaines espèces de la famille des Martres et en particulier du Glouton. » Suivant encore Lartet, ce qu'on sait du *Pseudocyon* indique des rapports avec le Chien ; cependant, ses canines ont des arêtes finement dentelées, comme dans l'*Amphicyon* et l'*Hemicyon*. Les dents caractéristiques de l'*Hydrocyon* ont quelque chose d'intermédiaire entre le Chien et la Loutre. Le *Macrotherium* constituait à l'origine un type distinct ; l'*Ancylotherium* de Grèce a déjà diminué son isolement. Le *Rhinoceros brachypus,* par la brièveté des os de ses pieds, s'éloigne des autres Rhinocéros ; mais l'abbé Bourgeois, dans sa collection de Pont-Levoy, a des séries de pièces qui montrent les passage des formes ordinaires aux formes les plus raccourcies. Le *Chalicotherium* (miocène supérieur) ne diffère guère de l'*Anisodon* de Sansan (miocène moyen), qui lui-même paraît un dérivé du groupe *Anoplotherium* (éocène supérieur). Le *Listriodon* est un peu Sanglier, un peu Tapir. Le *Chœromorus* et le *Palæochœrus* ont un air de parenté avec les Sangliers. Le *Dicrocerus* annonce les Cerfs. Lartet pensait que le *Pliopithecus* n'est qu'un Gibbon. Ainsi, les genres que je viens de citer, étrangers à Pikermi (sauf le Rhinocéros), ne sont pas des types isolés.

En pénétrant plus avant dans l'histoire des temps géologiques, on continuerait à trouver des formes de transition. Les terrains éocènes en offrent un grand nombre ; j'en ai indiqué plusieurs dans mes précédents tableaux des Rhinocéridés et des Suidés; je mentionnerai en outre : la *Palæonictis* qui rappelle les Civettes ; le *Cynodon* où les caractères des Civettes s'unissent à ceux des Chiens ; le *Lophiodon* qui, malgré ses prémolaires différentes des arrière-molaires, est voisin du Tapir ; le *Pachynolophus*, par lequel le type Rhinocéridé est lié au type Tapiridé ; l'*Eurytherium*, sorte d'*Anoplotherium* dont un des doigts s'est allongé ; le *Xiphodon* et surtout le *Dichodon* [1] semblables aux Ruminants, quoiqu'ils aient les incisives supérieures des Pachydermes ; le *Dichobune*, proche parent du *Cainotherium,* du *Microtherium,* de l'*Hyægulus* et de l'*Acotherulum.*

Dans l'Inde, comme en Europe, les Mammifères tertiaires ont présenté des types intermédiaires : c'est là qu'on a rencontré l'*Hippohyus*, chez lequel les caractères du Cheval sont associés avec ceux du Sanglier, l'*Hyæ-*

---

[1] Sir Richard Owen, dans la note où il décrit le *Dichodon*, dit que le professeur Goodsir et d'autres ont vu des rudiments d'incisives supérieures dans des Vaches et des Brebis.

narclos qui unit les Canidés avec les Ursidés, et les Proboscidiens qui montrent le passage du Mastodonte à l'Éléphant.

Il en a été de même en Amérique. Les étonnantes découvertes des paléontologistes des États-Unis dans les Western Territories font connaître de nombreuse fossiles qui ont des liens les uns avec les autres et marquent aussi des enchaînements entre les espèces de l'ancien et du nouveau monde. Par exemple, M. Leidy prétend que « l'*Oreodon* constitue un des anneaux nécessaires pour remplir le très large vide qui existe entre les Ruminants vivants et cette forme aberrante de la même famille, l'*Anoplotherium* d'Europe et d'Asie ». Il fait une pareille remarque sur l'*Agriochœrus*. Le *Poebrotherium* est comme une Antilope qui serait privée de cornes et aurait de chaque côté de ses mâchoires une prémolaire de plus; il vient s'ajouter à ces petits genres de Ruminants dont les caractères mixtes embarrassent tant les paléontologistes [1].

Les Oiseaux fossiles sont loin d'être aussi bien connus que les Mammifères; mais ce qu'on en sait déjà porte à penser qu'ils forment également avec les êtres actuels des chaînes continues. « Les Oiseaux des terrains miocènes, dit M. Alphonse Milne Edwards, nous mon-

---

[1] Les Mammifères marins offriraient aussi de l'intérêt au point de vue des formes intermédiaires : les *Halitherium* ont certains caracteres des Dugongs et certains caractères des Lamantins.

trent que ces animaux ne différaient que peu de ceux de notre époque. » L'*Archæopteryx*, le plus ancien Oiseau dont on possède le squelette, se rapproche des Reptiles par la disposition de sa queue : ceci permet d'espérer qu'on découvrira de curieux exemples de formes intermédiaires, au fur et à mesure que les Oiseaux secondaires seront mieux étudiés.

Pendant les époque quaternaires et tertiaires, il y eut des Tortues terrestres, des Émydes, des Chélydres, des Trionyx, des Chélonées, des Crocodiles, des Gavials, des Lézards dont les espèces ressemblaient extrêmement à celles qui vivent aujourd'hui. Sans doute, quand nous descendons dans la profondeur des époques secondaires, nous rencontrons des formes très différentes des formes actuelles. Mais nos connaissances sont tellement imparfaites qu'on ne doit pas s'étonner si l'on n'a encore observé que peu de gradations entre les genres secondaires et les genres tertiaires. D'ailleurs, lorsqu'on regarde les Reptiles fossiles comme des êtres bizarres, ce n'est point en général parce qu'ils présentent des organes spéciaux[1], c'est plutôt parce qu'ils réunissent des caractères répartis de nos jours sur des êtres différents. Si les Énaliosauriens, rois des mers secondaires, se distinguent des Reptiles vivants, c'est parce qu'ils

---

[1] Il faut pourtant convenir que les Ptérodactyliens font jusqu'à présent exception ; ils ont une organisation très particulière.

rappellent les Cétacés par leurs pattes en forme de palettes, les Oiseaux par leur long cou (Plésiosaures), les Poissons par leurs vertèbres à corps biconcave (Ichtyosaures).

Les recherches de M. Hæckel sur l'ossification de la corde dorsale des Pycnodontes ont prouvé que chez certains Poissons la partie du corps la plus essentielle a subi des changements insensibles qui coïncident avec la marche des temps géologiques, et sont en partie analogues aux modifications opérées dans les Poissons actuels depuis l'âge embryonnaire jusqu'à l'âge adulte. Aussi Hæckel a dit : « Les Poissons du monde primitif ont parcouru en des milliers d'années des phases semblables à celles du développement embryonnaire des animaux qui vivent actuellement. » Agassiz, appliquant à tout le règne animal de pareilles observations, a prétendu que les types des anciens âges représentèrent les embryons des êtres actuels, de sorte que la paléontologie offre l'histoire de l'enfance du même monde organique dont nous contemplons aujourd'hui la virilité.

Les Mollusques ne fourniraient pas des exemples de formes intermédiaires moins frappants que les Vertébrés, si on suivait les types depuis l'époque où ils ont apparu jusqu'à celle de leur disparition. Il suffit de nommer les Ammonitidés, les Cérithes, les Pleurotomes, les Bucardes, les Huîtres et tant d'autres Mollusques pour que l'idée de passages insensibles traverse notre esprit. Grâce à Deshayes et à plusieurs autres naturalistes, l'analyse a été portée à une rare perfection dans la conchyliologie fossile ; aussi l'étude des transitions de forme serait plus facile pour les coquilles que pour les autres branches de l'histoire naturelle. A la première page du magnifique travail de Barrande sur les Céphalopodes de Bohême, je trouve ces mots : « Nous espérons que nos recherches sur les Céphalopodes siluriens de la Bohême feront suffisamment apprécier l'extrême difficulté que l'on rencontre, lorsqu'on veut tenter de séparer nettement, non seulement les formes spécifiques, mais encore les types génériques de la famille des Nautilidés. »

Davidson, dans ses *Monographies des Brachiopodes de l'Angleterre,* a prouvé combien on a de peine à distinguer les espèces et les variétés. M. Eugène Deslongchamps, en étudiant les Brachiopodes de la France, est arrivé aux mêmes résultats : « Les modifications, a-t-il dit, se traduisent par une variété si grande dans les formes extérieures, qu'il devient presque toujours difficile de déterminer nettement la limite des espèces ; en un mot, il y a très souvent passage insensible des unes aux autres. »

Je suppose que dans les Échinides il y a des transitions entre les diverses formes, car je lis dans le *Synopsis* de M. Desor : « Telle est la liaison de tous les groupes entre eux, qu'il n'en est aucun dont les limites ne soient plus ou moins indécises. Bien plus, nous estimons que, chaque fois qu'il s'agit d'un groupe très particulier qui ne se rattache à aucun autre, c'est un indice qu'il reste à découvrir quelque part, soit dans la création actuelle, soit dans les créations antérieures, un type intermédiaire qui viendra, un jour ou l'autre, combler cette lacune. » On peut juger de la difficulté de distinguer parmi les Échinides ce qui est espèce et ce qui est variété, lorsqu'on parcourt dans les beaux ouvrages de M. Cotteau les listes synonymiques.

Les Coralliaires offrent-ils moins d'exemples de formes transitionnelles que les Échinodermes? Je ne le pense pas ; en effet, M. de Fromentel, quoique partisan de la fixité des types, a écrit ces mots : « La nature, en créant les animaux, n'a jamais nettement séparé une série d'une autre ; il existe à la fin d'un premier groupe et au commencement d'un second des affinités telles que presque toujours les êtres qui terminent et ceux qui commencent ont des caractères communs qui les rapprochent. »

Lorsqu'on descend aux derniers degrés de l'échelle animale, la liaison des espèces est encore plus manifeste. MM. Carpenter, Parker et Rupert Jones ont dit : « L'idée d'espèces considérées comme des assemblages d'individus séparés par des caractères définis qui proviennent génétiquement de prototypes originaux distincts est tout à fait inapplicable au groupe des Foraminifères ; en effet, quand même . les limites de ces assemblages seraient reculées de manière à renfermer ce qu'autre part on appelle genre, ils seraient encore si intimement unis par des liens gradués qu'on ne pourrait tracer entre eux des lignes de démarcation. »

Enfin, si l'on aperçoit des passages entre les animaux fossiles, on doit croire que les plantes fossiles ne se lient pas moins étroitement. Oswald Heer, après avoir remarqué qu'on n'a pas encore la preuve de l'identité complète des espèces de plantes tertiaires avec celles des plantes vivantes[1], s'est exprimé ainsi : « Néanmoins, dans nombre de ces espèces l'air de parenté est si frappant que l'on peut se demander s'il n'existe pas un lien génétique entre les espèces, si bien que les espèces tertiaires seraient les aïeules des espèces actuelles. »

Les renseignements qui précèdent suffisent sans doute pour prouver que les transitions observées à Pikermi se rapportent à une loi commune à tous les êtres.

---

[1] M. de Saporta a montré qu'il y a eu de nombreuses formes communes aux temps géologiques et aux temps modernes : ses observations s'accordent avec les résultats de l'étude des animaux fossiles.

VIII. *Quelle lumière l'étude des formes intermédiaires jette-t-elle sur la question de la transformation des êtres?*

En signalant les transitions qui lient entre eux les animaux des diverses époques géologiques, j'ai cherché à ne pas mêler à l'exposé des faits les considérations théoriques. Pourtant ces considérations je ne peux les écarter toujours; la constatation de chaque intermédiaire entraîne forcément notre esprit vers la grande question du renouvellement des êtres.

Comment, en effet, échapper à cette question dont les savants se préoccupent aujourd'hui plus que jamais, en présence des découvertes d'espèces multipliées avec une rapidité prodigieuse? Qui peut sonder la science des fossiles, sans se troubler en apercevant des formes innombrables comme les âges du monde, et sans chercher dans leur dédale quelques traces de filiation qui révèlent l'unité, cachet des œuvres divines? La paléontologie positive, aussi bien que la paléontologie philosophique, est intéressée à savoir si les espèces ont été fixes ou ont subi avec le temps de lentes transformations : le jour où la seconde supposition serait acceptée, il faudrait modifier le système actuel de nomenclature, puisque persister à créer un nom particulier pour le moindre changement, ce serait dresser des catalogues d'espèces sans limites.

Il importe, avant d'aborder la question du renouvellement des espèces, de la distinguer de celle de la création originaire. Les naturalistes ne mettent pas la création en doute ; au contraire, ils apportent en sa faveur un argument puissant ; car, si loin qu'ils suivent le développement des existences dans les temps géologiques, ils entrevoient d'une part une continuité de plan qui atteste un artiste immuable, d'autre part des êtres dont le changement paraît la suprême loi : entre ces êtres indéfiniment mobiles, et celui qui les façonna, le contraste est trop grand pour qu'ils soient une émanation de sa substance. Mais, si l'on admet une création originaire, doit-on croire à des créations successives, en acceptant le mot *création* dans le sens rigoureux? Il me semble que la plupart des philosophes chrétiens répondent négativement. C'est donc à tort qu'on voudrait opposer l'expression de créations successives à celle de transformations, comme s'il y avait un débat entre les idées religieuses et le panthéisme? Il s'agit de savoir, non pas si Dieu a créé ou n'a pas créé, mais si les manifestations successives contenues en puissance dans sa création ont été des formations ou des transformations.

En second lieu, on doit noter que la question du renouvellement des espèces se pose aujourd'hui dans des conditions tout autres qu'il y a quarante ans. On a cru à l'origine qu'il y avait eu trois époques d'apparitions d'êtres organisés ; à mesure que la science avança, on reconnut que ces époques étaient plus nombreuses ; Alcide d'Orbigny en admit vingt-sept, et maintenant nul n'oserait fixer la multitude des moments où de nouvelles formes sont arrivées sur la terre. Si on passe en revue les terrains de tous les pays connus, en résumant les travaux dont ils ont été l'objet, et donnant pour chaque formation la liste des fossiles couche par couche, on constate que, partout où un géologue dissèque habilement la partie stratifiée de l'écorce terrestre, il la voit se décomposer en une série de petites assises, caractérisées par la venue de quelque espèce. Par conséquent, le phénomène du renouvellement des formes n'est pas un phénomène rare, exceptionnel dans l'histoire du globe, mais continu.

Ce phénomène continu, comment se produisit-il ? Les espèces qui se sont succédé eurent-elles chacune une origine indépendante ? Ou bien sont-elles descendues les unes des autres, en subissant de lentes transformations ? Je vais exposer ces deux hypothèses dans toute leur rigueur ; car, avec des termes ambigus, on discute sans conclure :

Les partisans de l'hypothèse de la fixité des espèces doivent admettre que Dieu, pour faire apparaître des formes nouvelles, a organisé d'une manière plus ou

moins instantanée des substances inertes ; par exemple,
pour produire les *Rhinoceros pachygnathus* qui ont existé
en Grèce, les *Rhinoceros leptorhinus, megarhinus* venus
plus tard, les *Rhinoceros bicorne* et *camus* plus modernes
encore, il a rassemble des éléments inorganisés : un peu
d'oxygène, d'hydrogène, d'azote, de carbone, etc. ; ou
bien il a vivifié des germes réstés à l'état latent depuis
l'origine' des choses ; c'est ainsi que, tantôt un jour,
tantôt un autre, il a constitué les espèces animales.

Les partisans de l'hypothèse de la filiation des espèces
raisonnent comme il suit: « Nous ne comprenons pas
ces Mammifères qui apparaissent subitement à l'état
adulte avec leur pelage, leurs yeux, leurs oreilles, tous
leurs organes, prêts à se nourrir, à se mouvoir, à aimer ;
nous les comprenons encore moins sortant d'un germe,
et passant la période embryonnaire hors d'une matrice.
Pourquoi l'infinie sagesse aurait-elle détruit toutes les
espèces qu'elle a formées[1] ? Les premiers êtres qu'elle a
organisés lui ont servi à faire ceux qui ont suivi ; il lui
a suffi de les modifier peu à peu très légèrement, pour
amener la variété des formes qui se sont déroulées pendant les âges géologiques. »

En philosophie, les explications les plus simples sont

---

[1] Cela ne veut pas dire qu'on admet la transformation de toutes les espèces.
Peut-être un grand nombre ont disparu sans en avoir engendré d'autres ; ainsi
le Rhinocéros à narines cloisonnées s'est éteint, et aucune espèce actuelle ne
peut être considérée comme le résultat de sa transformation.

préférées, et, à ce titre, l'hypothèse des transformations est assurément la plus séduisante. Cependant, comme tout est également facile au Créateur du monde, on conçoit que les opinions des savants, qui se placent à un point de vue théorique, peuvent rester flottantes. C'est dans l'étude des faits qu'il faut chercher une solution: si l'on découvre entre les êtres d'époques consécutives des liens intimes, je croirai à leur parenté et par conséquent à leurs transformations; si je n'aperçois pas ces liens, je continuerai à admettre que les espèces ne sont pas descendues les unes des autres.

Or, que m'apprend l'examen des restes fossiles?

1° Il y a des genres de Mammifères qui n'ont les caractères d'aucun animal plus ancien qu'eux; tels sont le Singe de Saint-Gaudens, le *Dinotherium* et les Mastodontes miocènes, le *Macrotherium*, l'Hippopotame, le *Sivatherium*, l'*Helladotherium*, le *Paloplotherium* de Coucy, le *Coryphodon*, l'*Hyracotherium*, le *Palæonictis*, etc. Si l'on commence à connaître des passages entre les Solipèdes et les Pachydermes, ou entre ceux-ci et les Ruminants, on ignore quel ordre se lie à ceux des Chéiroptères, des Édentés, des Cétacés, etc. De même, dans toutes les classes du règne animal, il y a des vides considérables, et, à diverses époques, on trouve certains êtres nettement séparés de ceux qui les ont précédés, de sorte que je ne sais dire quels furent leurs ancêtres.

2° On rencontre des formes de transition qui fournissent d'assez faibles arguments en faveur de la théorie de la filiation des espèces ; je veux parler de celles qui ne sont accusées que sur une partie des organes ; ainsi, l'Hipparion a des membres semblables à ceux de l'*Anchitherium*, bien que ses molaires soient différentes ; on ne peut donc supposer qu'il descend directement de l'*Anchitherium*. De même, quand le *Palæoryx* se confond par ses cornes avec l'*Oryx*, mais s'en distingue par ses molaires, ou que le *Palæoreas* avec ses cornes d'*Oreas* a une tout autre forme de crâne, on ne conclura pas que l'*Oryx* provient immédiatement du *Palæoryx*, ni l'*Oreas* du *Palæoreas*. Il est seulement permis d'espérer qu'en découvrant de nouvelles espèces, on apercevra d'insensibles dégradations qui montreront que l'*Anchitherium* se rattache à la même souche que l'*Hipparion*, le *Palæoryx* à la même souche que l'*Oryx*, le *Palæoreas* à la même souche que l'*Oreas*. Mais ces intermédiaires ne sont pas connus, et, jusqu'à ce qu'on les ait trouvés, on n'a pas le droit de proclamer une communauté d'origine.

3° D'autres intermédiaires semblent favoriser l'idée que des êtres attribués à des espèces, des genres, des familles ou des ordres distincts eurent les mêmes ancêtres. Mes observations et les tableaux où j'ai groupé des fossiles suivant leur âge géologique, indiquent des liens entre un grand nombre d'animaux d'époques consécutives. Cependant, même dans ces tableaux, il y a des lacunes ;

par exemple, j'en vois dans celui des Hyènes entre l'*Ictitherium hipparionum* et l'*Hyænictis græca*, dans celui des Proboscidiens entre le *Mastodon turicensis* et le *Mastodon latidens*, entre l'*Elephas planifrons* et l'*Elephas priscus*; les espèces qui ressemblent le plus aux *Mastodon Andium* et *americanus* du terrain quaternaire ne sont pas du terrain tertiaire supérieur, mais du terrain tertiaire moyen. Dans le tableau des Rhinocéridés, il y a un hiatus entre le *Palæotherium* et l'*Anchitherium*, entre le *Rhinoceros Schleiermacheri* et les Rhinocéros à incisives rudimentaires; le *Rhinoceros sansaniensis*, que je place près de la nouvelle espèce, *Rhinoceros aurelianensis*, découverte par M. Nouel à Neuville, n'a pas sa face occipitale pentangulaire; les Rhinocéros qui se rapprochent davantage de ces deux espèces du miocène moyen n'appartiennent pas au miocène supérieur, mais ce sont des espèces vivantes; les Rhinocéros qui se confondent presque avec le *Rhinoceros pachygnathus* du miocène supérieur de Pikermi sont aussi des espèces actuelles. Dans le tableau des Suidés, je trouve des vides entre l'*Hyracotherium* et le *Rhagatherium*, entre ce dernier et l'*Hyopotamus*; l'*Hyopotamus*, plus différent du *Chœropotamus* éocène que l'*Anthracotherium*, paraît cependant avoir vécu plus tôt; du moins on a rencontré ses restes dans le miocène inférieur, au lieu que l'*Anthracotherium* n'est constaté avec certitude que dans le miocène moyen; je n'ai pas mentionné les Hippopotames, parce que je ne

savais à quel genre ancien les rattacher. Enfin, dans le
tableau des Équidés, j'ai joint aux Hipparions les *Equus*,
malgré des différences assez notables.

Ainsi, il reste bien des lacunes entre les espèces d'é-
poques consécutives ; il en résulte qu'on ne peut encore
démontrer d'une manière positive que ces espèces sont
descendues les unes des autres. Mais les vides n'existent-
ils pas dans nos connaissances plutôt que dans la série
des êtres fossiles ? Quelques coups de pioche donnés aux
pieds des Pyrénées, des monts Himalaya et du Pentélique,
dans les sablières d'Eppelsheim ou aux Mauvaises Terres
du Nébraska ont suffi déjà pour révéler entre des formes qui semblaient très distinctes des liens étroits.
Combien ces liens seront plus serrés, alors que notre
science sera sortie de son berceau ! Paléontologistes d'un
jour, nous balbutions à peine quelques mots de l'histoire
du monde; et pourtant ce que nous savons indique de
toute part des traits d'union. Peu à peu les découvertes
conduisent à adopter la théorie de la filiation des espèces ;
nous tendons vers elle, comme vers la source où nous
démêlerons le pourquoi de tant de ressemblances que nous
apercevons entre les figures des vieux habitants de la
terre.

On ne possède que les parties des animaux susceptibles de se conserver par la fossilisation, et, quand même
on aura appris que les os et les dents ont présenté des
transitions d'espèce à espèce, il restera à montrer qu'il

y a eu passage aussi pour la voix, les organes mous et les parties extérieures, telles que le pelage, la forme de la queue, des oreilles, etc. ; la paléontologie ne pourra donc à elle seule prouver définitivement que des espèces différentes sont descendues les unes des autres. Il faut cependant convenir que, si elle démontre les transitions ostéologiques, elle aura rendu la théorie de la filiation très probable. En effet, le squelette est la charpente de l'édifice ; les dispositions des muscles et des ligaments varient avec lui, puisqu'ils s'y insèrent ; les mouvements du corps dépendent de sa forme ; il loge les parties essentielles du système nerveux et les organes des sens ; les moindres modifications des dents et des os des pattes influent sur le régime de nourriture et sur les mœurs. Si donc le squelette, regardé à juste titre comme fournissant les caractères les plus importants et les plus fixes, a présenté d'insensibles variations, les autres organes ont pu en subir aussi [1].

Je ne puis entrer dans la discussion des arguments

---

[1] On dit quelquefois aux paléontologistes : « Le Zebre, le Couagga, le Daw, l'Ane et l'Hémione sont d'espèces différentes, et pourtant ils se ressemblent tellement par les parties du squelette que, si vous les trouviez fossiles, vous supposeriez qu'ils dépendent de la même souche. » C'est la ce qu'on appelle une pétition de principe, car justement il s'agit de savoir si ces animaux ont toujours été d'espèces différentes, et si la longueur des oreilles, la forme de la queue, la robe et la voix ne sont pas des caractères qui ont varié avec le temps. Les travaux d'Étienne Geoffroy Saint-Hilaire et ceux de M. Huxley ont mis en lumiere les transitions qui existent entre les organes d'animaux vivants très distincts en apparence.

que les sciences étrangères à la paléontologie fournissent
pour ou contre les transformations [1]. Je n'essayerai pas
non plus de dire quelle a été leur limite ou de scruter
les procédés par lesquels elles ont été opérées. La question de savoir s'il y a eu des transformations doit être

[1] Je réponds seulement aux deux objections les plus fréquemment adressées
à ceux qui penchent vers la doctrine des transformations.

En premier lieu, on leur dit : « Suivant de savants observateurs, les modifications que les plantes et les animaux subissent de nos jours ne sont pas
permanentes ; donc il n'y a pas lieu de croire que, dans les temps géologiques,
il y a eu des modifications permanentes. » Il est facile de retourner ce raisonnement contre ses auteurs, en disant : « De nos jours, on ne voit pas des
Mammifères apparaître faits de toutes pièces, donc il n'y a pas lieu de croire
que, dans les temps géologiques, des Mammifères ont apparu faits de toutes
pièces. » Certainement si on voulait conclure des temps présents aux temps
passés, l'hypothèse des transformations serait moins improbable que celle des
générations instatanées, car transportons par la pensée, au milieu des temps
géologiques, les groupes que M. de Quatrefages a nommés *races naturelles*,
nous aurons un extrême embarras pour les distinguer de ce qu'on appelle
habituellement des especes animales. Quant aux espèces végétales, les recherches de M. Naudin, de M. Alphonse de Candolle et d'autres botanistes
éminents montrent combien il est difficile de les séparer des races et des
variétés.

En second lieu, on remarque que le Mulet n'a pas une fécondité continue
bien que ses parents soient très proches l'un de l'autre, et l'ouvrage de
M. Godron sur *l'Espèce et les Races dans les êtres organisés* ne permet pas d'attribuer la formation de nouvelles espèces à des croisements entre des animaux
dont les différences sont un peu notables. Mais je ne prétends pas que les
formes intermédiaires soient le résultat de tels croisements. S'il en était
ainsi, les règnes organiques présenteraient le spectacle d'une bigarrure universelle, et on ne comprendrait point comment les naturalistes se sont tous
accordés à reconnaître les petits groupes nommés espèces (quel que soit
d'ailleurs le sens qu'ils ont attaché à ce mot). J'admets volontiers que les
accouplements entre les êtres de constitution différentes sont rares, ou du
moins ne sont pas habituellement féconds ; ce n'est qu'à la longue et d'une
façon insensible que les changements ont été opérés.

résolue principalement par l'examen minutieux des êtres fossiles ; celle de savoir comment elles ont eu lieu est très distincte. Lorsque Darwin a prétendu qu'il y avait eu des transformations, il a répondu aux aspirations d'un grand nombre d'observateurs ; mais, quand ce savant illustre a voulu expliquer de quelle manière les transformations avaient été produites, de graves objections lui ont été opposées par des Hommes très exercés dans l'étude de la nature.

Quel que soit le mode suivant lequel les animaux ont été renouvelés, ce qu'il y a de certain. c'est que nulle modification n'a été due au hasard. Mes recherches ont montré que, dans les temps géologiques, la Grèce ne fut pas un théâtre de luttes et de désordres ; tout y était disposé dans l'harmonie. Si nous reconnaissons que les êtres organisés ont été peu à peu transformés, nous les regarderons comme des substances plastiques qu'un artiste s'est plu à pétrir pendant le cours immense des âges, ici allongeant, là élargissant ou diminuant, ainsi que le statuaire, avec un morceau d'argile, produit mille formes, suivant l'impulsion de son génie. Mais, nous n'en douterons pas, l'artiste qui pétrissait était le Créateur lui-même, car chaque transformation a porté un reflet de sa beauté infinie.

V

DES LUMIÈRES QUE LA GÉOLOGIE PEUT JETER

SUR QUELQUES POINTS

DE L'HISTOIRE ANCIENNE DES ATHÉNIENS

A côté des ruines des temps géologiques qui révèlent l'histoire du développement des êtres sans raison, l'Attique possède d'autres ruines où l'intelligence humaine a laissé de magnifiques traces. Certainement, ce n'est point par hasard que la civilisation grecque a pris essor dans cette petite contrée ; tout se tient dans le monde, et l'âme de l'Homme elle-même subit. dans une certaine mesure, l'influence des milieux où elle se développe. En dehors du domaine métaphysique, plusieurs causes ont pu contribuer à former la nature spéciale du génie athénien, et je pense que, parmi ces causes, on doit citer les conditions que les événements géologiques ont préparées : j'essayerai de signaler quelques-uns des points sur lesquels leur étude me paraît jeter un peu de lumière.

I. *Connaissance des fossiles.*

Les savantes recherches de von Hoff, de von Lasaulx et de M. Schwarcz ont fait connaître l'état de là science géologique dans l'antiquité. Il n'entre pas dans mon cadre de suivre ces philosophes dans le champ si vaste qu'ils ont embrassé ; j'ai seulement à m'occuper de l'Attique et des pays qui l'avoisinent.

Les anciens ont su qu'on trouve dans la terre des ossement d'animaux fossiles, et l'on peut croire que la vue de ces débris a rendu moins improbables les fables répandues sur la transformation des êtres vivants en pierre ; ces transformations tiennent une place importante dans les *Métamorphoses* d'Ovide : Phinée et tous ses compagnons furent changés en pierre à la vue de la tête de Gorgone que leur présenta Persée ; Aglaure fut pétrifiée en punition de sa jalousie pour Hersée ; les ossements du brigand Sciron, dont Thésée délivra l'isthme de Corinthe, furent durcis et formèrent les Roches Scironiennes ; le Chien que Céphale reçut de Procris, en signe de réconciliation, fut converti en pierre, ainsi que la bête sauvage qu'il poursuivait ; une métamorphose semblable s'opéra sur le Loup qui attaqua les troupeaux de Pélée ; le Serpent qui voulait dévorer la tête d'Orphée fut pétrifié par Apollon ; le même sort fut réservé au Serpent qui engloutit devant les Grecs assemblés les œufs qui figuraient neuf années de combats sous les murs de Troie, etc.

Il y a une circonstance qui a pu contribuer à faire accepter ces fables sur les transformations : c'est que les Grecs avaient sous leurs yeux des simulacres de pétrifications grossières dans les incrustations que produisent les eaux des régions composées de marbre et de calcaire compacte. Auprès de la grotte des Nymphes, à Céphissia, on voit des mousses qui se revêtent entièrement de carbonate de chaux ; les ouvrages des anciens renferment des mentions de fontaines incrustantes : « Les Ciconiens, dit Ovide, ont un fleuve dont l'eau pétrifie les entrailles de celui qui la boit, et change en marbre tout ce qu'elle touche. »

Von Lasaulx et M. Schwarcz ont pensé que la vue des ossements fossiles avait eu un autre résultat ; elle aurait accrédité la croyance aux géants et aux monstres de la mythologie. Cette supposition est sans doute fondée dans un certain nombre de cas, et j'ai été d'abord disposé à lui accorder beaucoup d'importance. Cependant, depuis qu'il est admis que dans nos contrées, l'Homme a été contemporain de plusieurs animaux d'espèces perdues, j'incline vers l'opinion que les légendes relatives aux êtres gigantesques ou monstrueux ont été principalement basées, non pas sur la découverte de débris d'êtres pétrifiés, mais plutôt sur la tradition d'animaux qui ont été connus à l'état vivant. Par exemple, il ne me semble pas que les fossiles de Pikermi aient été les originaux qui ont inspiré les artistes, lorsqu'ils ont représenté les animaux de la mythologie.

En effet, s'il est certain que des ossements fossiles ont été observés par les anciens, il n'est pas également prouvé que ceux de l'Attique en particulier aient été vus par eux. Sans doute, il est difficile de croire que le gisement de Pikermi ait échappé à tous les regards, puisqu'il est situé entre Athènes et Marathon, c'est-à-dire près d'une route autrefois fréquentée ; les os y sont abondants et font saillie sur les bords du ravin ; ceux des Mastodontes, des *Dinotherium*, des Rhinocéros, de l'*Ancylotherium*, de l'*Helladotherium* et de la Girafe ont dû attirer l'attention, sinon par leur forme spéciale, au moins par leur grandeur extraordinaire. Toutefois, je suis surpris de ne rencontrer aucune mention des débris de Pikermi chez des auteurs qui ont parlé d'os pétrifiés trouvés dans d'autres pays, notamment chez Pausanias qui, dans sa description si exacte et si détaillée de l'Attique, au lieu de signaler les os fossiles de cette pro-

vince, raconte la découverte de ceux des Portes de Témé-
nus en Lydie [1].

En tout cas, si les anciens ont observé les animaux de
Pikermi, ils ne l'ont fait que d'une manière très vague;
on ne saurait prétendre que le Sanglier d'Érymanthe, la
Chèvre Amalthée, le Taureau de Marathon, le Lion de
Némée et encore moins l'Hydre de Lerne [2] aient été des
représentations des espèces de ce gisement, car les descriptions que j'ai données ont montré que le Sanglier
nommé par Wagner *Sanglier d'Érymanthe* était distinct
de la bête mythologique sculptée sur le temple d'Olympie,
que l'animal appelé *Chèvre Amalthée* par le même naturaliste n'était pas une Chèvre, qu'on ne trouve pas à
Pikermi de Taureau, le nom de *Bos marathonius* ayant
été établi par Wagner sur des molaires d'un animal voisin des Chevaux, qu'il n'y a pas non plus de Lion, mais
un *Machairodus*, puissant Carnassier qu'on n'aurait pas
manqué de représenter si l'on eût connu ses étranges
canines en forme de lames de poignard; quant à l'Hydre
de Lerne, c'est évidemment un produit idéal. Il est donc
naturel de croire que le Sanglier d'Érymanthe, le Taureau

---

[1] Pausanias a cité un os d'une grosseur prodigieuse qu'un pêcheur d'Éré-
trie recueillit à la hauteur de l'île d'Eubée, et que la pythie de Delphes
attribua à Pelops, fils de Tantale. Il est difficile de décider si cet os venait
de la côte d'Eubée ou de celle de l'Attique.

[2] Étienne Geoffroy Saint-Hilaire a fait connaître les animaux mythologiques
qui ont été sculptés sur le temple d'Olympie. (*Expédition scientifique de Mo-
rée : Géologie. Introduction à l'histoire des Mammifères et des Oiseaux*, 1833.)

de Marathon, la Chèvre Amalthée, le lion de Némée, ont été imaginés d'après un lointain souvenir d'animaux vivants, soit de l'époque quaternaire, soit de l'époque actuelle. D'après François Lenormant, des silex taillés ont été recueillis en divers lieux de la Grèce ; peut-être, si leur gisement était déterminé, quelques-uns fourniraient la preuve que les Hommes ont habité cette contrée dans des temps reculés. On sait que plusieurs animaux ont disparu depuis que l'Orient est peuplé ; Geoffroy Saint-Hilaire a rappelé que, lors de l'invasion de Xerxès, il y avait encore des Lions en Macédoine, qu'au temps de Pausanias, le même pays nourrissait des Aurochs, et que dans le Parnès on chassait l'Ours et le Sanglier.

Quant aux coquilles fossiles de l'Attique, je suppose volontiers qu'elles ont été vues par les anciens : « Le Pirée, a dit Strabon, passe pour avoir été jadis une île, et avoir tiré son nom de sa position au delà du rivage. » Pline a complété ainsi cette citation : « Le port du Pirée a gagné cinq mille pas sur la mer. » En effet, nous savons que la mer a reculé notablement sur la côte sud de l'Attique, car cette côte est bordée par des terrains pliocènes qui renferment des coquilles marines ; si les anciens l'ont su avant nous, c'est sans doute qu'ils ont observé ces fossiles.

De même, lorsqu'ils ont inventé le nom de Péloponèse (île de Pélops) pour un pays qui, de nos jours, n'est plus une île, c'est probablement parce que la vue de coquilles marines dans les calcaires de l'isthme de Corinthe leur a révélé que là où l'isthme est placé aujourd'hui, il y eut autrefois un bras de mer formant une séparation entre le Péloponèse et le reste de la Grèce. Pausanias a dit que la pierre de Mégare renferme des coquilles marines ; puisque les anciens savaient que les coquilles de Mégare sont le produit de la mer, ils devaient également connaître l'origine des coquilles engagées dans les roches pliocènes de l'isthme, car ces roches sont beaucoup plus développées qu'auprès de Mégare ; elles ont été l'objet de vastes exploitations, ainsi que le témoignent les grandes carrières situées sur la route de Calamaki à Corinthe, et on y rencontre une multitude de Peignes, d'Huîtres et d'autres coquilles qui ressemblent aux espèces actuelles des mers voisines.

On m'objectera peut-être que, si les premiers hommes ont été les contemporains des animaux qui ont servi de base aux légendes d'êtres monstrueux, il est permis de supposer que, dans le temps où ils vivaient, la mer occupait encore les environs du Pirée et l'isthme de Corinthe. Je répondrai que cette seconde hypothèse pourra un jour être confirmée, mais que, dans l'état actuel de la science, elle n'est pas appuyée sur des observations. L'explication que j'ai donnée au sujet du nom de Pirée et de celui de Péloponèse me paraît naturelle, car, ainsi que l'ont établi les savants philologues dont j'ai déjà cité les ouvrages, non seulement les anciens connaissaient les coquilles fossiles, mais ils avaient quelques prévisions des doctrines neptuniennes adoptées par les géologues modernes : « Xanthus, a écrit Strabon, prétendait avoir trouvé en plusieurs endroits fort éloignés de la mer des espèces de Conques, de Pétoncles et des Moules pétrifiées... D'après cela, il était persuadé que ce qui est terre aujourd'hui avait été mer autrefois. »

II. *Divisions de la Grèce en petits États.*

Dans aucun temps et dans aucun pays de l'Europe, on n'a vu un coin de terre aussi étroit que la Grèce renfermer autant de peuples ayant leur génie propre et aspirant à une existence indépendante. Ces divisions de peuples sont résultées principalement de la disposition orographique du pays ; les chaînes sont peu considérables, mais très multipliées ; en se croisant, elles ont laissé entre elles de grandes vallées ou des plaines, qui, se trouvant isolées, sont devenues le centre d'États distincts. Ainsi les peuples de Thèbes, d'Athènes, de Corinthe, d'Argos, de Sparte, ont été, malgré leur extrême rapprochement, séparés les uns des autres ; les montagnes qui les entourent ont formé des barrières qu'un petit nombre de soldats énergiques pouvait défendre ; généralement stériles, elles ont établi entre les terres arables des limites naturelles, que les cultivateurs n'étaient pas intéressés à violer.

Les guerres et le commerce maritime agrandirent successivement les relations de la plupart des nations grecques, particulièrement de la nation athénienne : cependant l'influence du réseau des montagnes de la Grèce sur sa séparation en peuplades distinctes est si réelle qu'aujourd'hui encore les descendants de ces peuplades ont peu de relations les uns avec les autres : Delphes ne se doute guère des événements d'Argos ; Thèbes a été renversée par un tremblement de terre sans que les habitants de Sparte en aient eu connaissance. Cette difficulté des communications retarde la marche de la civilisation ; elle oppose des obstacles à la destruction du brigandage, et rendra coûteux l'établissement des chemins de fer.

On conçoit que des Hommes forcés de tirer leur richesse de régions très limitées, n'ayant pas d'espérance de s'étendre beaucoup au delà, durent s'y attacher de tout leur pouvoir ; de là résulta le patriotisme ardent des citoyens de chacun des petits États ; de là aussi résulta un caractère spécial approprié à la nature des pays : Corinthe et Sicyone, situées entre deux mers, dans une contrée où l'alternance des terres et des eaux forme les plus délicieux paysages, excellèrent dans la peinture. Les Béotiens, cultivateurs des terres grasses qui bordent le

Copaïs, passèrent pour être lourds et épais. Sparte, isolée au bas des montagnes du Taygète, conserva dans les temps anciens et modernes des mœurs sauvages. Athènes, dans son génie, eut quelque chose de mobile comme la poussière de son sol désséché, quelque chose de divin comme la beauté des chaînes de marbre qui l'entourent.

III. *Agriculture.*

L'Attique a toujours été peu fertile : « La Mégaride, de même que l'Attique, a dit Strabon, offre un sol ingrat. » Ampère[1] rappelle que Pindare a nommé Athènes *l'aride Athènes,* qu'Homère donne souvent à la Grèce les épithètes de *pierreuse,* de *rocailleuse,* et que, suivant Thucylide, l'Attique avait eu de tout temps une réputation de stérilité. Pour ne pas douter que l'Hymette était déjà dénudé à l'époque des anciens Grecs, il suffirait de se souvenir de la renommée de son miel. Les Abeilles font de bonnes récoltes sur les montagnes de marbre, parce que les pins, les arbousiers, les lentisques y sont trop rares et trop maigres pour ombrager les

---

[1] Ampère, *Études littéraires d'après nature.*

labiées et les autres petites plantes qui fournissent le miel.

La pauvreté agricole de l'Attique résulte de sa constitution géologique. Les marbres ne sont pas favorables au développement de la végétation ; les chaînes où ces roches dominent se distinguent par leur nudité : telles sont l'Hymette, le Pentélique, le Lycabette ; souvent on peut reconnaître de loin par l'absence des plantes arborescentes les parties où commencent les marbres. L'Italie à cet égard donne lieu aux mêmes observations que l'Attique ; ainsi la montagne de Serravezza est stérile sur le versant où l'on exploite les marbres blancs, tandis que le versant opposé, composé de schistes, est d'une extrême fertilité : les figuiers, les oliviers, les mûriers le couvrent d'un riche manteau de verdure.

Une des causes auxquelles est due l'aridité des montagnes de marbre dans l'Attique est la force avec laquelle elles réfléchissent les rayons solaires ; les voyageurs qui ont gravi les chaînes de marbres blancs savent combien ces roches sont brûlantes ; chaque été voit périr une partie des végétaux que l'hiver avait vus naître. En outre, la terre végétale se forme lentement à cause de la dureté du marbre, et au contraire elle est enlevée promptement, parce que les eaux versées par les orages se précipitent sans entraves sur les pentes escarpées. Il y a encore une raison qui contribue à l'aridité des montagnes de marbre et de calcaire compact : c'est que les eaux s'y chargent de bicarbonate de chaux, et, s'infiltrant à travers les granules du sol végétal, les cimentent et les changent en pierre dure; en vain le laboureur prodigue ses sueurs : la terre devient un tuf stérile. Si l'on joint à ces causes géologiques les causes météorologiques, c'est-à-dire un vent très fréquent qui fatigue et dessèche les plantes, l'absence de pluie pendant la plus grande partie de l'année, le croisement des chaînes et les découpures de la mer qui ne permettent pas la formation d'une rivière d'un long cours, on comprendra pourquoi l'Attique est une contrée si aride.

Les plaines ou les vallées de cette province sont généralement occupées par des limons et des fragments de roches qui ont été amenés par les torrents ou déposés dans des lacs. Ces dépôts de transports, bien différents des roches secondaires, sont peu consolidés, de sorte que les eaux doivent les traverser pour former au-dessous d'eux des nappes souterraines qui pourraient fournir des eaux jaillissantes. Quoique les anciens aient connu les puits artésiens [1], il ne paraît pas qu'ils aient cherché à obtenir dans l'Attique des eaux jaillissantes, afin de communiquer artificiellement à la surface de leurs plaines l'humidité qui leur manque naturellement. L'eau des

---

[1] J'ai visité en Syrie, auprès de Tyr, les magnifiques puits artésiens que, selon la tradition du pays, Salomon fit construire pour indemniser le roi Hyram de la cession des cèdres du Liban.

fontaines était soigneusement utilisée, et des canaux l'amenaient du mont Pentélique à Athènes. Les ressources pécuniaires des Grecs sont si faibles qu'il faudrait peut-être provisoirement se contenter d'imiter ce qu'ont fait les anciens en aménageant les eaux superficielles, notamment la belle source qui est au pied du Pentélique. En effet, s'il est très probable qu'il y a des cours d'eau souterrains à la limite des terrains tertiaires et secondaires, il existe de grandes difficultés pour assigner les points précis où passent ces cours d'eau, car les roches secondaires doivent avoir dans l'intérieur de la terre des irrégularités semblables à celles qu'on voit à la surface du sol; les sondages peuvent aboutir à des points où les marbres et les schistes constituent un mamelon au lieu de présenter une cavité; en outre, l'eau se perd, quelquefois dans les entonnoirs appelés *catavothras*. Des ingénieurs allemands ont fait au Pirée et dans la ferme du roi, près de Dragoumano, d'inutiles essais de puits artésiens. En 1856, un ingénieur français a de nouveau opéré un forage dans la ferme du roi, et il n'a pas obtenu d'eau jaillissante.

IV. *Marine.*

Si l'Attique n'a pas été richement dotée au point de vue agricole, en compensation elle a été très favorisée pour la navigation : « Je ne crois pas, a dit Ampère, qu'il y ait dans le monde un pays aussi insulaire que la Grèce : elle se compose en partie d'un archipel et d'une péninsule ; le reste est entamé, pénétré par une foule de golfes sinueux. A chaque pas qu'on fait dans l'intérieur du pays, on rencontre la mer ; avec une coquetterie gracieuse, elle vient partout chercher le voyageur, et semble lui dire : Me voici, arrête-toi, regarde comme je suis belle. On pourrait étendre à toute la Grèce le nom de l'Attique, rivage. » Ces golfes nombreux dont parlait Ampère laissent les navires entrer au milieu des terres, et, comme les eaux sont profondes au pied même des rochers qui bordent les côtes, on opère les transbordements avec facilité ; ce sont là des conditions avantageuses pour le commerce maritime.

Les îles de l'Archipel surtout ont contribué à la richesse de la Grèce ; à en juger par les alignements, Macro-Nisi, Zéa, Thermia, Syra, Sériphos, Siphnos, Paros, Naxos, Amorgos, semblent un prolongement de l'Attique, comme Andros, Tinos et Myconos sont un prolongement de l'Eubée. Peut-être ces îles représentent des lambeaux d'un vaste continent qui existait pendant l'époque miocène ; lors des phénomènes d'affaissement qui ont marqué le commencement de l'époque pliocène, les parties basses de ce continent ont été envahies par la mer et les parties culminantes ont constitué des îles. Ces événements géologiques ont eu une influence favorable sur les destinées du peuple grec ; en effet, si l'espace couvert par l'Archipel fût resté un continent montueux, il aurait peut-être été peu fréquenté, au lieu que les îles nombreuses sont devenues des lieux de relâche pour les navires, et des places de commerce unies entre elles par une mer qui se laisse parcourir avec rapidité ; aussi, depuis les temps reculés où les Argonautes allaient à la recherche des trésors symbolisés par la toison d'or, les Grecs ont été d'heureux marins : avant les chemins de fer, la mer était le principal lien des peuples.

V. *Richesses minérales.*

Les Athéniens ont trouvé une source de richesses dans les mines du Laurium. « Il y a dans l'Attique, dit Xénophon, des terrains qui étant semés ne portent pas de fruits, et qui étant creusés nourrissent bien plus d'hommes que s'ils portaient du blé ; car, sans doute par quelque présent divin, ils sont d'argent en dessous. » Plus loin le même auteur assure que les mineurs n'aperçoivent point la fin des veines métalliques. Hérodote raconte « qu'avant la bataille de Salamine, il y avait dans le trésor public de grandes richesses venant des mines du Laurium ». Du temps de Strabon, les mines argentifères du Laurium étaient déjà épuisées : « Les mines d'argent de l'Attique furent jadis d'un produit considérable ; maintenant elles sont épuisées. Quand elles ne répondirent plus que faiblement au travail des mineurs, on remit à la fonte les vieilles mottes de rebus et les scories, et l'on obtint de l'argent très pur, attendu que les anciens n'avaient pas été fort habiles dans l'art de l'extraire. » Depuis mon retour de la Grèce, une usine a été établie à Kératéa pour retirer les substances métalliques encore engagées dans les scories qui proviennent des exploitations antiques du Laurium; c'est donc la seconde fois que ces scories sont traitées.

« On rencontre dans l'Attique, a dit Xénophon, un marbre incomparable dont on forme les plus beaux temples, les plus beaux autels, les plus belles statues pour les dieux; un grand nombre de Grecs et de barbares le lui envient. » Les marbres, comme le plomb argentifère du Laurium, ont contribué à la richesse des Athéniens; mais ils ont eu une autre destination plus élevée : l'Attique leur a dû en partie d'être devenue la mère des beaux-arts. La sculpture et l'architecture étaient pratiquées depuis longtemps en Babylonie et en Égypte avant de parvenir en Grèce; cependant c'est seulement lorsqu'elles rencontrèrent les marbres du Pentélique et de Paros qu'elles entrèrent dans une voie de perfection. La pureté de ces marbres inspira la pureté des lignes, qui est un des caractères saillants de l'architecture grecque; leur translucidité invita le ciseau des sculpteurs à en faire des statues qui imitaient des êtres animés; quelles substances furent jamais plus dignes de servir à représenter les dieux ou les héros? Les artistes reconnurent que les marbres n'ont pas à craindre d'injures du climat bienfaisant de la Grèce, et ils leur confièrent avec amour les trésors de leur génie, sachant qu'ils en conserveraient une empreinte immortelle. Les coloristes eux-mêmes furent séduits par la blancheur et le facile polissage du marbre saccharoïde; ils le peignirent, comme aujourd'hui on peint l'ivoire et la porcelaine. Depuis les recherches d'Hittorff, l'ornementation polychrome des monuments antiques a cessé d'être mise en doute.

Quoiqu'on trouve des marbres saccharoïdes dans plusieurs lieux de l'Attique, le mont Pentélique est le seul point où ils ont une grande extension [1]. On voit encore les carrières qui ont été creusées par les anciens; elles sont à ciel ouvert. Comme la montagne est naturellement escarpée, il suffisait pour extraire le marbre d'abattre les roches perpendiculairement. Dans les vastes tranchées qui sont résultées des exploitations, on remarque plusieurs petites cavités rectangulaires, sans doute produites par l'enlèvement d'un bloc de marbre qui avait plus spécialement séduit les artistes; il devait être fort difficile d'obtenir ainsi un morceau isolé; il fallait, après avoir creusé tout le périmètre, ouvrir une cavité assez large pour faire manœuvrer des outils qui détachassent le bloc par derrière. Si l'on réfléchit qu'un des caractères essentiels de la sculpture grecque était le fini des détails, et que la production d'un chef-d'œuvre était un événement dont toute la Grèce s'émouvait, on s'expliquera comment les statuaires prenaient tant de peine pour choisir leurs matériaux.

---

[1] Le comte de Clarac, en parlant des marbres cités par les anciens, a dit : « Il semble que le marbre du mont Thellius, en Attique, était du même genre que le marbre du Pentélique. » (*Musée de sculpture antique et moderne*, t. I, p. 167. Paris, 1841.)

Une voie tirée au cordeau servait à conduire les marbres du haut des carrières jusqu'au bas de la montagne. Cette voie existe encore; elle est trop rapide, mais elle est ouverte dans le roc vif : exemple de grandes difficultés vaincues chez un peuple ignorant l'art de faire jouer la mine !

Les anciens devaient tailler en partie les marbres dans la carrière, car on voit un tambour d'une colonne de vaste dimension resté près du lieu d'extraction de la roche. Le marbre blanc saccharoïde est le seul dont on se soit servi dans la construction des antiques monuments d'Athènes subsistant aujourd'hui. Pour élever le palais du roi Othon, on a renouvelé les anciennes exploitations. Un grand nombre de constructions de la moderne Athènes sont décorées avec du marbre du Pentélique. Fiedler prétend qu'il est plus finement cristallisé que celui de Paros, qu'il a des piqûres jaunes, tandis que celui de Paros a par transparence un reflet bleuâtre.

Les marbres blancs, quelle que soit leur abondance, sont des matériaux de construction très dispendieux. Aussi les Grecs les ont employés avec économie; les édifices de l'Attique excitent l'admiration par leur beauté et non par leur grandeur; en architecture, la Grèce fut le pays du *beau*, comme l'Égypte fut le pays du *grand*. Mais en Égypte on prit peu de roches dures pour les monuments gigantesques; ce serait une erreur de croire que les pyramides du Caire sont de granite; cette pierre n'a servi que pour leur ornementation, et la presque totalité de leur masse a été faite avec du calcaire nummulitique assez tendre qui forme le pays où elles sont situées. Dans nos contrées où le beau marbre est rare, et où abonde la pierre facile à tailler, on a élevé des édifices souvent plus remarquables par leurs vastes dimensions que par la perfection de l'art ; les richesses des décorations gothiques ont servi à dissimuler nos calcaires grossiers.

Si les Athéniens eussent voulu, à l'exemple des Égyptiens, bâtir de vastes monuments, ils n'auraient point manqué de matériaux économiques. Outre ses marbres de luxe, l'Attique possède des marbres communs, blanchâtres, bleus ou grisâtres dont le prix de transport est très faible, car ils constituent les monticules mêmes contre lesquels Athènes est bâti ; on les exploite actuellement au Lycabette et à l'Hymette près de Turko-Vouni[1].

En outre, les formations pliocènes de l'Attique, de la Mégaride et de la Corinthie renferment des calcaires grossiers ; des carrières sont ouvertes dans ces calcaires au Pirée et dans la Mégaride. Dès l'antiquité, on a employé la pierre de Mégare : « Le tombeau de Car,

---

[1] Suivant de Clarac (ouvrage cité, p. 167), l'orateur L. Brassus fut le premier Romain qui, l'an de Rome 662 (92 ans avant J.-C.), orna sa maison du mont Palatin de six colonnes de marbre de l'Hymette ; ce marbre, dit M. de Clarac, était d'un blanc grisâtre. »

fils de Phoronée, dit Pausanias, fut revêtu de pierre coquillière, d'après l'ordre de l'oracle. Cette pierre coquillière
ne se trouve que dans la Mégaride ; on en fait beaucoup
d'objets ; elle est très blanche, plus tendre que les autres
pierres, et remplie de coquilles de mer. » Certains bancs
des terrains lacustres miocènes pourraient aussi fournir
des pierres pour la bâtisse ; on les rencontre dans une
grande partie de l'Attique, à Daphné, Ménidi, Camatéro,
Hiracli, Kharvati, Raphina, Tatoï, Mercouri, Oropo et
Marcopoulo.

Il y a lieu de s'étonner que, malgré tous ces matériaux
de construction, les maisons des particuliers aient été
bâties très légèrement ; on ne découvre presque aucun
reste d'habitations privées. Il est probable que les anciens
architectes ont beaucoup employé la brique : « Les Grecs,
a dit Pline, ont préféré les murs de briques, excepté dans
le cas où ils ont pu les construire avec du silex... Ils
ont même bâti en briques des édifices publics et des
palais pour leurs rois. La muraille d'Athènes qui fait face
au mont Hymette... est de briques. » La terre à briques
abonde aux portes d'Athènes et près du Pirée ; c'est une
terre alluviale très fine ; il y a quelques années, on la
travaillait avec une grande activité, mais les eaux séjour-
naient dans les cavités d'où on l'avait retirée. et contribuaient à répandre les fièvres intermittentes ; cette raison
a déterminé à restreindre les exploitations de la plaine
d'Athènes.

VI. *Sentiment esthétique et religieux.*

Les montagnes de la Grèce, qui fournirent aux artistes
des matériaux précieux, présentèrent encore à leur imagination des types d'une admirable beauté : « Les
rochers de l'Attique, a dit de Valon, offrent à l'œil une
suite de lignes harmonieuses, colorées selon l'éloigne-
ment de teintes plus ou moins foncées. La nature semble
avoir taillé avec amour ce pays qui devait être le berceau
des arts. » Les soulèvements des temps géologiques ont
donné naissance à de nombreux monticules qui ont
formé des piédestaux naturels pour asseoir les temples ;
c'est ainsi que le Parthénon et les autres monuments de
l'acropole d'Athènes sont construits sur un rocher à pic
qui domine la ville ; les ruines de Rhamnus s'élèvent sur
le rivage de la mer d'Eubée, et le temple de Sunium se
dessine au sommet d'une haute falaise qui s'avance en
pointe dans l'Archipel. Par leurs parois abruptes et irré-
gulières, les monticules contrastent avec la symétrie des
colonnes doriques, ioniques ou corinthiennes qui les
surmontent ; par leur élévation, ils compensent le peu
de hauteur des temples grecs, qui semblent faire corps
avec eux et en être le couronnement. Sans doute la

Madeleine de Paris serait plus imposante, si elle était située, comme le Parthénon, sur une colline de marbre hardiment taillée. On aurait pu à Paris produire un grand effet, si au lieu d'abaisser le sol sur lequel on a construit l'église Saint-Augustin, on eût profité de la hauteur des tranchées pour bâtir à leur sommet un temple qui, par son style comme par sa position, eût rappelé les temples grecs.

Les Athéniens n'ont pas seulement utilisé les mouvements du sol de leur ville pour placer les simulacres de la Divinité, mais encore, dit Pausanias, « ils ont élevé des statues aux dieux sur les montagnes qui les entourent, savoir : celle de Minerve sur le mont Pentélique, celle de Jupiter Hymettien sur le mont Hymette où se trouvent aussi les autels de Jupiter Ombrius et d'Apollon Proopsius ; il y a sur le Parnès une statue de bronze de Jupiter Parnéthien ». De l'ancienne tribune aux harangues, on voit l'ensemble de ces montagnes qui encadrent la ville d'Athènes : les maisons sont dominées par le monticule de l'Acropole, renfermant le Parthénon avec tout ce que les Athéniens avaient de plus sacré ; près de là, il y a deux légères éminences, l'une où siégeait l'aréopage, l'autre que surmonte le temple de Thésée. Forcés par la nature des lieux d'avoir devant leurs regards les images des dieux et des héros, les citoyens devaient sentir se développer en eux un religieux patriotisme. Même aujourd'hui le voyageur ne monte pas les degrés de la tribune aux harangues d'où l'on découvre ce spectacle, sans que son cœur n'ait quelque battement pour la Grèce de Thémistocle et de Périclés ; c'est à cette tribune, en face d'un pareil .tableau, que Démosthène devint orateur, et l'on indique à quelques pas de là le cachot où Socrate but la ciguë, martyr de ses convictions philosophiques.

On s'étonne que le peuple de la terre que son génie entraînait davantage vers le spiritualisme ait été attaché si longtemps aux doctrines matérialistes, et ait consacré ces doctrines par la mort du divin maître de Platon. Ceci tient sans doute en partie à ce que la matière, en Orient, a dans ses apparences quelque chose de moins épais, et, pour ainsi dire, de plus éthéré que dans les régions du Nord. Nos campagnes ont une riche végétation : elles procurent à leurs habitants une vie confortable ; toutefois, jamais un peuple fin et spirituel comme le peuple athénien n'aurait imaginé d'en faire la demeure des dieux. La Grèce a un climat trop chaud, un sol trop aride pour donner. aux hommes une douce existence ; mais, aux heures où le soleil monte ou s'abaisse, alors que les premiers plans trop dénudés sont voilés dans la pénombre, et que les montagnes de marbre se parent de mille couleurs, les Grecs ont pu croire qu'ils contemplaient des tableaux trop magnifiques pour des yeux mortels, et ils ont jugé leur contrée digne d'avoir été le séjour des dieux; ainsi la religion, comme le sentiment esthétique, subit l'influence de la disposition physique du pays. Les chaînes imposantes de l'Olympe furent réputées l'habitation de Jupiter. Apollon et les Muses furent placés sur l'Hélicon et le Parnasse, deux montagnes qui s'élèvent au-dessus des plaine autant que la poésie nous élève au-dessus de la vie vulgaire; de leur sommet on embrasse Corinthe et son golfe, jeté entre le Péloponèse et l'Hellade : grâce, douceur, majesté, tout est réuni dans ce panorama. C'est au pied du Parnasse, dans les gorges sauvages de la Phocide, que les oracles étaient rendus; j'ai vu les places où se tenaient les pythies de Delphes et de Trophonius[1]; le sombre aspect de ces lieux devait inspirer le respect et préparer les hommes à se mettre en communication avec les dieux. Dans les fertiles champs d'Éleusis, on adora Cérès, déesse de l'agriculture; et Minerve, personnification de la sagesse, régna dans la plaine d'Athènes dont tous les détails sont si merveilleusement ordonnés.

---

[1] On a pensé qu'à Delphes des exhalaisons de gaz sortaient de l'intérieur du sol et avaient la propriété de causer chez les pythies des désordres physiques et intellectuels. Je n'ai rien observé dans le lieu où était le trépied de la pythie qui indique des exhalaisons de ce genre, et je n'ai point entendu dire que les gens du pays aient connaissance de quelque chose de semblable.

VI

LÉBERON

CONSIDÉRATIONS SUR LES MAMMIFÈRES QUI ONT VÉCU
EN EUROPE A LA FIN DE L'ÉPOQUE MIOCÈNE

Mes études sur Pikermi ont eu surtout pour résultat de mettre en relief les enchaînements des genres. Nous avons vu de nombreux traits d'union entre des formes qui avaient d'abord semblé distinctes : par exemple un Singe intermédiaire entre le Semnopithèque et le Macaque, un Carnassier intermédiaire entre l'Hyène et la Civette, un Solipède intermédiaire entre l'*Anchitherium* et le Cheval, un Ruminant intermédiaire entre la Chèvre et les Antilopes, etc.

Les comparaisons que j'ai faites avec les fossiles d'autres gisements m'ont fourni des résultats analogues.

Quelques naturalistes m'ont répondu : « Il est vrai que les découvertes paléontologiques révèlent certains enchaînements entre les êtres des temps passés, mais ceci peut résulter de ce que Dieu a créé tour à tour les espèces, de manière à représenter un plan général de filiations restées à l'état virtuel dans sa pensée. Pour établir que des Mammifères fossiles ont eu une commune origine, il ne suffit pas d'apercevoir des liens de familles et de genres, ou même de découvrir des espèces qui ont été très rapprochées. Il faut encore donner des preuves que les espèces fossiles ont été assez mobiles, assez plastiques pour passer les unes aux autres. »

Il y avait beaucoup de sagesse dans ces observations. J'ai résolu d'en faire mon profit et de travailler à apprendre si les espèces fossiles ont été fixes ou variables. Pour atteindre ce résultat, j'ai pensé qu'il fallait explorer un gisement riche en débris d'animaux à peu près semblables à ceux de Pikermi; car, en possédant un grand nombre d'os des mêmes espèces, je pourrais connaître si ces espèces ont été des entités immuables, ou bien si elles ont témoigné assez de plasticité pour faire supposer qu'elles sont descendues les unes des autres. C'est pourquoi j'ai cru que je compléterais utilement mes travaux sur Pikermi en entreprenant des fouilles dans le mont Léberon, près de Cucuron (Vaucluse); les recherches qui avaient été faites sur les fossiles de ce gisement par plusieurs savants, notamment par de Christol, Paul

Cervais, Bravard, M. Pomel, M. Bayle et moi-même, me faisaient espérer que je retrouverais une partie des animaux de Pikermi.

Pendant que j'ai étudié la variabilité des animaux de l'époque miocène, j'ai eu l'occasion de faire quelques autres remarques sur les êtres de cette époque; il m'a semblé qu'il ne serait pas inutile de les soumettre à mes savants lecteurs. J'ai été ainsi amené à composer ce chapitre dans lequel on trouvera réunis les sujets qui portent les titres suivants :

I. La fin de l'époque miocène a été caractérisée par le grand développement des Herbivores.

II. Les Mammifères miocènes confirment la croyance que les types des êtres supérieurs ont été plus mobiles que ceux des êtres inférieurs.

III. L'étude des Mammifères miocènes appuie l'hypothèse que les séparations des étages ou des sous-étages ont été surtout les résultats de déplacements des faunes.

IV. Sur les formes analogues des Mammifères qui ont précédé et suivi ceux du miocène supérieur.

V. Sur la distinction des races et des espèces de quelques Mammifères à la fin des temps miocènes.

*I. La fin de l'époque miocène a été caractérisée
par le grand développement des Herbivores.*

Je suis loin d'avoir rencontré toutes les espèces de Quadrupèdes enfouies dans le mont Léberon ; celles, notamment, qui appartiennent à ce qu'on peut appeler *la petite faune*, sont encore inconnues. Néanmoins, les pièces déjà recueillies permettent de se faire quelque idée des anciens Mammifères de la Provence.

Le *Dinotherium* était escorté par un énorme Sanglier, deux espèces de Rhinocéros et l'*Helladotherium*, le plus majestueux des Ruminants qui ont habité l'Europe. Les campagnes étaient couvertes de troupeaux d'Hipparions et de Gazelles à cornes en forme de lyre. A côté d'eux se tenaient les Tragocères, auxquels leurs cornes pouvaient donner de loin un aspect de Chèvres, mais qui, vus de près, offraient les traits caractéristiques des Antilopes. Ils avaient pour compagnon le *Cervus Matheronis*. Une immense Tortue et d'autres plus petites se traînaient à côté de ces rapides coureurs. Peu de Carnassiers devaient troubler les paisibles Herbivores ; on n'a trouvé que de rares débris de *Machairodus*, d'*Hyæna* et d'*Ictitherium*.

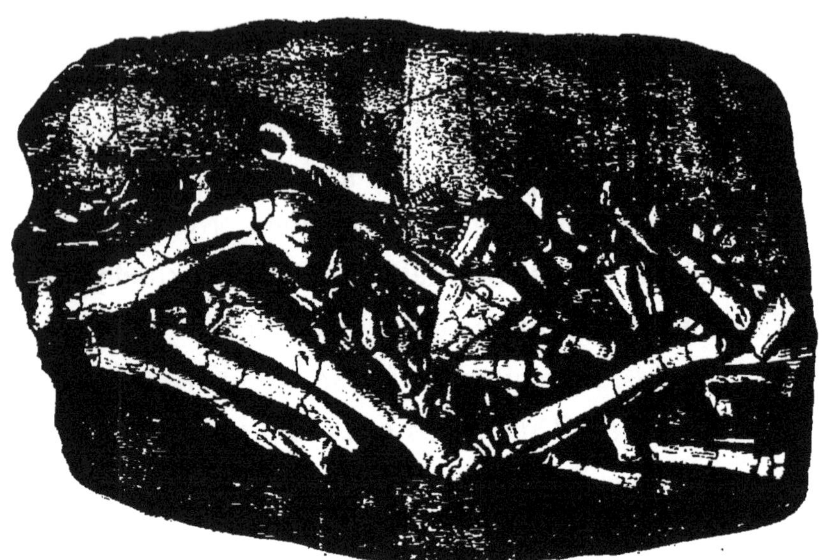

Fig. 40. — Bloc de limon du mont Léberon, renfermant des débris d'*Hipparion gracile*, de Rhinocéros, de *Gazella deperdita* et d'une autre espèce d'Antilope. Au 1/5 environ de la grandeur naturelle.

mais elle était belle aussi quand tous les êtres fossiles dans le Léberon étaient en vie, alors que les versants des collines étaient animés par de nombreux troupeaux, et que, pour nourrir tant de Quadrupèdes, les vallées enfantaient une ample végétation.

Le tableau que je viens d'esquisser nous transporte vers la fin des temps miocènes, c'est-à-dire au moment où le règne végétal a eu son apogée. La liste qui suit montre que les Quadrupèdes du Léberon doivent avoir été contemporains de ceux de Pikermi en Grèce, de Baltavar en Hongrie et de Concud en Espagne.

MONT LEBERON	PIKERMI	BALTAVAR	CONCUD
Machairodus cultridens. . .	Machairodus cultridens. . .	Machairodus cultridens. . .	»
Hyæna eximia.	Hyæna eximia.	Hyæna eximia	Hyæna eximia.
Ictitherium hipparionum. . .	Ictitherium hipparionum. . .	»	»
Ictitherium Orbignyi? . . .	Ictitherium Orbignyi. . . .	»	»
Dinotherium giganteum. . .	Dinotherium.	Dinotherium.	»
Acerotherium incisivum? . .	»	»	»
Rhinoceros Schléiermacheri.	Variété assez éloignée du *Rh. Schleiermacheri.*	»	
Hipparion gracile.	Hipparion gracile.	Hipparion gracile.	Hipparion gracile.
Sus major (c'est peut-être une race du *Sus erymanthius*). .	Sus erymanthius.	Sus erymanthius *ou* major. .	»
Helladotherium Duvernoyi. .	Helladotherium Duvernoyi. .	Helladotherium Duvernoyi. .	»
Tragocerus amaltheus. . . .	Tragocerus amaltheus. . .	Tragocerus amaltheus. . . .	Tragocerus amaltheus.
Gazella deperdita.	Gazella deperdita (race brevicornis).	Gazella deperdita.	Gazella deperdita.
Cervus Matheronis.	Cervus Matheronis		Cervus Matheronis?

L'inspection de la liste précédente suffit pour faire ressortir le grand développement des Herbivores; ce développement mérite notre attention, car il est le trait le plus caractéristique de la fin des temps miocènes.

Il n'y a pas fort longtemps (géologiquement parlant) que les Herbivores se sont multipliés dans nos pays. Pendant que le calcaire grossier et le gypse de Paris se déposaient, les Pachydermes dominaient encore : les *Lophiodon*, les *Chœropotamus*, les *Hyracotherium* devaient être omnivores comme les Cochons et les Tapirs actuels; les *Palæotherium* et les *Anchilophus* avaient sans doute le régime des Damans qui vivent de feuillages, ou des Rhinocéros qui dévorent les buissons coriaces. Les *Anoplotherium* pouvaient avoir une nourriture intermédiaire entre celle des *Palæotherium* et celle des *Chœropotamus*. Les animaux les plus herbivores étaient les *Xiphodon*, les *Dichodon*, les *Amphimeryx*; ils étaient si voisins des Pachydermes que plusieurs naturalistes les rangent dans le même ordre. M. de Saporta a montré que l'étude des végétaux confirme les données fournies par l'examen des animaux; lors de la formation du gypse d'Aix, les plantes herbacées étaient rares.

A l'époque du miocène inférieur[1], les *Gelocus* avaient

---

[1] Dans le Nébraska, les Ruminants du miocène inférieur sont plus nombreux et plus variés qu'en Europe; mais, si l'on réfléchit que, pendant les temps secondaires et éocènes, la mer couvrait une grande partie de l'Europe, tandis qu'il y avait en Amérique d'immenses espaces exondés

beaucoup de ressemblance avec les *Xiphodon*, mais leurs molaires supérieures sans mamelon interne, et leurs métatarsiens principaux soudés vers l'âge adulte, annonçaient la prochaine arrivée des Ruminants ordinaires. En effet, bientôt après sont venus les *Dremotherium* dont les canons principaux sont soudés comme chez les Ruminants actuels; leurs métatarsiens latéraux sont encore imparfaitement unis.

A l'époque du miocène moyen, la plupart des Ruminants eurent leurs métatarsiens latéraux fortement soudés; ils se montrèrent plus grands et plus nombreux que ceux de l'âge précédent; toutefois ils étaient peu variés et n'atteignaient pas les dimensions qu'ils ont eues plus tard. Les Antilopes avaient des cornes uniformes; les bois des Cerfs étaient simplement fourchus comme ceux de nos Cerfs élaphes, avant leur seconde mue. Il n'y avait point de vrais Équidés, mais des *Anchitherium* dont les molaires très basses semblent avoir été destinées à écraser des feuillages et des bourgeons; leurs dents auraient été bientôt usées si elles eussent habituellement moulu des herbes aussi chargées de silice que les graminées.

C'est seulement à l'époque du miocène supérieur

depuis un temps très ancien, on sera porté à penser que les flores et les faunes terrestres de nos pays ont été moins avancées dans leur évolution que celles de l'Amérique; géologiquement parlant, le nouveau continent devrait sans doute être appelé l'*ancien continent*.

que les Herbivores eurent un grand développement. La Girafe et l'*Helladotherium* atteignirent une taille inconnue chez les Ruminants des âges précédents ; les Antilopes prirent des formes variées, et les bois des Cerfs se compliquèrent. Les Hipparions succédèrent aux *Anchithe-rium ;* leurs molaires très hautes, formées de lames d'émail contournées, faisant saillie entre le cément et la dentine, constituèrent une râpe de la plus admirable structure. Je ne voudrais pas cependant prétendre qu'à l'époque du miocène supérieur, l'Espagne, la Provence, la Grèce eurent des prairies semblables à celles du nord de l'Europe actuelle ; car, à côté des Hipparions, il y avait des Antilopes, des *Helladotherium* et des Cerfs dont les molaires étaient plus basses que celles de nos Bœufs, de nos Moutons, de nos Chèvres, et par consé-quent se seraient plus promptement usées par le frotte-ment des végétaux silicifères ; ceci fait penser que parmi les plantes dont nos campagnes étaient couvertes, les graminées ne jouaient pas encore un rôle prépondérant.

Après l'époque du Léberon, c'est-à-dire pendant les époques pliocènes, quaternaires et actuelles, les Rumi-nants ont continué à être très nombreux ; le fût de leurs dents, ainsi que celui de plusieurs animaux d'au-tres classes, s'est allongé et s'est enduit de cément : je conclus de là que dans nos pays les prairies se sont étendues de plus en plus.

Il n'est pas sans intérêt pour la doctrine de l'évolution

dė constater le tardif développement des Herbivores; car, évidemment, au point de vue embryogénique, comme au point de vue anatomique, les Solipèdes et les Ruminants représentent des types très perfectionnés. Ce développement a eu dans l'histoire des Mammifères, une importance considérable, parce que les Herbivores vivant pour la plupart en société, la date de leur extension a aussi été la date de l'apparition des troupeaux. Les grands troupeaux ne semblent avoir été constitués que dans le milieu et surtout vers la fin des temps miocènes. - Sans doute, dans les gisements plus anciens, on voit sur certains points de nombreux Mammifères; néanmoins il y a lieu de croire que les espèces étaient représentées par un nombre d'individus assez limité, attendu qu on ne trouve pas des accumulations d'os d'une même espèce comme à Sansan, à Pikermi ou dans le Léberon. Mes fouilles ont amené à Pikermi la découverte de 80 Hipparions, de 50 Tragocères, de 50 Gazelles, et dans le Léberon de 30 Hipparions, de 18 Tragocères, de 90 Gazelles; cependant je n'ai retiré qu'une minime partie des os enfouis dans ces localités. Les Herbivores devaient donner aux campagnes une physionomie nouvelle ; ils composaient des sociétés bruyantes et remuantes qui contrastaient avec les silencieuses familles des premiers âges.

On doit aussi noter que ces animaux comptent parmi les plus séduisants de la création, de sorte que non seulement ils ont donné plus de mouvement au monde animal, mais aussi ils ont contribué à l'embellir. Il est permis d'appliquer à la plupart d'entre eux ces mots que Brehm a dit des Gazelles : « Elles ont une utilité esthétique. » Qui peut en effet voir, sans les admirer et même sans les aimer, ces bêtes dont le regard est si doux, la tête si fine, les allures si vives, toutes les formes si bien proportionnées ! Quand par la pensée, on se transporte au pied du Léberon pendant la fin des temps miocènes, et qu'on se représente les bandes d'Hipparions, de Tragocères et de Gazelles, on admet volontiers que, depuis le commencement du tertiaire, le monde animal a progressé en beauté.

Comme il fallait s'y attendre, l'évolution des Carnivores a suivi celle des troupeaux d'Herbivores. A l'époque éocène, les bêtes de proie étaient peu nombreuses et de petite taille ; l'*Hyænodon* et le *Pterodon* dépassaient rarement la taille d'un Loup. Bientôt après parurent de grands *Amphicyon*, qui peut-être n'étaient pas de redoutables destructeurs ; leurs caractères intermédaires entre ceux de l'Ours et du Chien, permettent de croire qu'ils mangaient plus de chair morte que de proies vivantes. C'est à la fin du miocène que les Carnassiers arrivèrent à leur apogée et se partagèrent en deux types extrêmes : l'*Hyène* et le *Machairodus*.

Le tableau ci-après montre la succession des faunes terrestres des Mammifères tertiaires dans nos pays [1].

MIOCÈNE INFÉRIEUR	Faune d'une partie de l'Allier (étage du calcaire de Beauce). — Elle se distingue de la faune précédente parce que le *Palæotherium* a disparu ; le *Dremotherium* se substitue au *Gelocus*.
	Faune de Ronzon et de Villebramar (étage des sables de Fontainebleau). — Elle diffère très légèrement de la faune précédente par la rareté des *Palæotherium*, l'absence des *Anoplotherium*, l'abondance des *Hyopotamus*, des Ruminants appelés *Gelocus*. Continuation du règne des *Entelodon*.
ÉOCÈNE SUPÉRIEUR	Faune des phosphorites du Quercy (en partie étage du calcaire de Brie). —Elle se distingue de la précédente parce que les *Entelodon*, les *Anthracotherium*, les *Cainotherium* se multiplient à côté des *Anoplotherium* et des *Palæotherium*.
	Faune des gypses de Paris, de Bembridge et des lignites de la Debruge. — Elle se distingue de la précédente faune par l'absence ou la rareté des *Lophiodon*. Règne des *Palæctherium*, des *Anoplotherium*, des *Chæropotamus*, des *Dichobune*, des *Xiphodon*, des *Hyænodon* et *Pterodon*.
EOCÈNE MOYEN	Faune d'Hordwell et du Mauremont (étage des sables de Beauchamp). — *Dichodon, Microchœrus, Rhagatherium ;* les *Palæotherium* se développent à côté des *Lophiodon*.
	Faune d'Egerkingen, d'Argenton, d'Issel et du calcaire grossier de Paris. — Règne des *Lophiodon* et des *Pachynolophus*.
	Faune du London-Clay. — *Hyracotherium, Pliolophus*.
EOCÈNE INFÉRIEUR	Faune de l'argile plastique du Soissonnais. — *Coryphodon, Palæonictis*.
	Faune des grès de la Fère. — *Arctocyon*.

[1] Pour lire ce tableau on devra commencer par l'étage le plus inférieur.

Faune de Cromer, de Saint-Prest, de Saint-Martial. — Elle se distingue de la faune précédente parce que les Mastodontes ont disparu : les *Elephas meridionalis* ont des molaires à lames plus étroites, à émail plus fin ; les Cerfs ont des bois volumineux ou compliqués.

PLIOCÈNE

Faune de Perrier et du crag de Norwich. — Elle se distingue de la précédente par l'abondance des Cerfs, la rareté des Antilopes, la disparition des Singes. Coexistence de l'*Elephas meridionalis* avec les Mastodontes

Faune de Montpellier. — Elle se distingue de la faune précédente par la disparition de l'*Helladotherium*, du *Dinotherium*, de l'*Ictitherium*, de l'*Ancylotherium*, la présence du Tapir et de l'*Hyænarctos*. Les Cerfs coexistent avec les Antilopes.

MIOCÈNE SUPÉRIEUR

Faune du mont Léberon et de Pikermi. — Elle se distingue de la précédente faune par la profusion des Antilopes, la présence de l'*Helladotherium*, de l'*Ictitherium* et de l'Hyène, l'absence du Tapir.

Faune d'Eppelsheim. — Elle se distingue par la substitution de l'Hipparion à l'*Anchitherium*, du *Mastodon longirostris* au *Mastodon angustidens*, et aussi par la présence des grands Sangliers, du *Dorcatherium*, du *Simocyon*, du Tapir.

MIOCÈNE MOYEN

Faune de Simorre. — Elle diffère légèrement de la précédente par la présence du *Dinotherium giganteum*, du *Listriodon*, des *Rhinoceros brachypus* et *simorrensis*, l'absence du *Chalicotherium* et des Antilopes.

Faune de Sansan. — Malgré d'intimes rapports, elle se sépare de la faune précédente par la disparition de l'*Anthracotherium*, du *Cainotherium*, et par l'abondance des Antilopes.

Faune des sables de l'Orléanais. — On peut la distinguer de la faune précédente par la disparition de l'*Hyænodon*, et parce qu'on voit plusieurs espèces de Sansan et même de Simorre associées avec l'*Anthracotherium onoideum*, les *Palæochœrus*, les *Cainotherium*, les *Dremotherium*, le *Procervulus aurelianensis*. Règne du *Palæotherium Cuvieri*, des *Mastodon angustidens* et *turicensis*.

II. *Les Mammifères de la fin des temps miocènes confirment la croyance que les types des êtres supérieurs ont été plus mobiles que ceux des êtres inférieurs.*

Les paléontologistes ont pu supposer qu'il y avait eu une extrême différence entre la mobilité des types des êtres supérieurs et celle des types des êtres inférieurs. En effet, on avait pensé que beaucoup de Mollusques du miocène et même un certain nombre de ceux de l'éocène étaient identiques avec les espèces actuelles; au contraire, plusieurs Mammifères semblent avoir été cantonnés dans certains étages : on n'avait d'abord trouvé les *Lophiodon* que dans l'éocène moyen, les *Palæotherium* proprement dits que dans l'éocène supérieur, les Rhinocéros n'apparaissaient pas au-dessous du miocène, de telle sorte qu'on était vraiment autorisé à dire : âge du *Lophiodon*, âge du *Palæotherium*, âge du Rhinocéros.

Mais, d'une part, en examinant minutieusement les anciennes espèces de Mollusques tertiaires, on a observé des nuances qui les distinguent en général des espèces actuelles : Deshayes, Tournouër, M. Fischer et d'autres conchyliologistes, qui ont beaucoup étudié les rapports des espèces tertiaires entre elles et entre les espèces vivantes, pensent que les identités absolues ne sont pas très communes parmi les Mollusques d'âge différent. D'autre part, les recherches de Tournouër, MM. Thomas, Combes, etc., ont montré que des *Palæotherium* ont été contemporains des *Lophiodon* et des Rhinocéros. Ainsi, les Mollusques ont eu une moindre longévité qu'on pouvait le croire d'abord, tandis que les Mammifères ont eu une longévité plus grande qu'on ne l'avait supposé.

Néanmoins on est encore fondé à prétendre que la mobilité des types de Mollusques a été loin d'égaler celle des Mammifères. Darwin et Lyell en ont fait la remarque depuis longtemps. J'ai eu occasion de confirmer cette remarque dans mes recherches en Grèce : j'ai vu les Mammifères de Pikermi, qui sont très différents des Mammifères actuels, enfouis dans des couches superposées à des assises où se rencontrent des coquilles de Mollusques dont les identiques existent de nos jours. L'examen du mont Léberon permet de compléter les observations faites à Pikermi, car les coquilles que j'ai recueillies dans l'Attique étaient d'eau douce, et celles dont je vais parler sont marines. Elles ont été trouvées à peu de distance du gisement des Mammifères fossiles, dans un endroit appelé Cabrières. MM. Fischer et Tournouër ont reconnu parmi elles les espèces suivantes, qui sont identiques avec les formes actuelles ou en diffèrent par des nuances si légères qu'elles ne peuvent être séparées spécifiquement :

Nassa semistriata, qui existe encore dans la Méditerranée, et dans l'Atlantique.

Natica Josephinia. . . .	dans la Méditerranée.
Trochus millegranus. . . .	dans les mers d'Europe.
Calyptræa chinensis. . . .	dans les mers d'Europe.
Crepidula gibbosa.	sur les côtes du Sénégal.
Anomya costata.	dans la Méditerranée.
Arca umbonata.	dans la mer des Antilles.
Pectunculus glycimeris. . .	dans les mers d'Europe.
Chama gryphoides. . . .	dans la Méditerranée.
Cardium papillosum	dans les mers d'Europe.
Venus plicata.	sur la côte occidentale d'Afrique.
Tellina planata.	dans la Méditerranée.
Eastonia rugosa.	sur les côtes du Portugal.
Solen marginatus.	dans les mers d'Europe.
Solecurtus candidus. . . .	dans les mers d'Europe.

Le dépôt à ossements du Léberon est bien supérieur aux couches marines de Cabrières, et cependant tous les Mammifères dont on y rencontre les débris présentent quelques différences avec les espèces actuelles; plusieurs même appartiennent à des genres inconnus aujourd'hui : *Machairodus, Ictitherium, Dinotherium, Acerotherium, Hipparion, Helladotherium, Tragocerus.*

Pour expliquer cette différence entre la longévité des Mammifères et celle des Mollusques, on doit considérer que les Mammifères ont un squelette composé d'un grand nombre d'os, tandis que les Mollusques ont pour la plupart une coquille très simple ; l'organisme si compliqué des premiers doit être plus exposé que celui des seconds à subir quelque changement dans une de ses parties. Sous ce rapport, je suppose qu'il en est un peu des Mammifères comme d'une machine fabriquée par les hommes : plus les pièces sont nombreuses, plus en général il y a de chances pour que l'une d'elles se dérange. Mais il y a entre l'œuvre des hommes et le Mammifère cette différence, que la machine s'arrête quand ses pièces sont modifiées par l'usure ou toute autre cause, au lieu que, dans la nature, les changements sont mis à profit pour amener une intarissable variété sans suspendre la marche de la vie : les Vertébrés ont poursuivi à travers les âges leur évolution harmonieuse, sans cesse modifiés, et, à chacun de leurs changements, tendant à réaliser une perfection nouvelle dans l'ensemble du monde.

Cette mobilité des types vertébrés rend difficile l'étude de leur évolution ; comme un personnage de théâtre qui, à chaque scène, changerait de costume, ils ne peuvent être reconnus que si l'on a présents à l'esprit les traits principaux de leur physionomie. Les Mammifères ont subi de telles métamorphoses pendant l'époque tertiaire, qu'on a de la peine à établir des comparaisons entre les espèces ou même les genres du commencement du miocène et les formes actuelles, à moins de s'aider des types des époques intermédiaires. Aussi les naturalistes qui se livrent à des recherches de géographie paléontologique trouvent-ils souvent dans l'étude des animaux inférieurs et des végétaux plus de ressources que dans celle des Mammifères.

J'en ai eu une preuve frappante :

M. Marion, ayant étudié les plantes miocènes du Puy en Velay, était arrivé à des considérations intéressantes en comparant l'habitat de ces plantes et celui des végétaux vivants qui s'en rapprochent ; il me demanda si je pouvais établir également les relations géographiques des Mammifères du Puy avec ceux de notre époque. Je ne pus lui indiquer des analogies entre aucune faune du monde actuel et les Mammifères du miocène inférieur du Puy, attendu que la plupart de ceux-ci appartiennent à des types maintenant éteints. On sait, au contraire, que dans le milieu des temps secondaires, il y avait déjà une multitude d'Invertébrés et de plantes dont les genres existent encore aujourd'hui.

III. *L'étude des Mammifères miocènes appuie l'hypothèse
que les séparations des étages
ou des sous-étages ont été surtout les résultats
de déplacements de faunes.*

La faune d'Eppelsheim dut avoir une physionomie différente de celles du Léberon et de Pikemi, car elle ne renfermait ni Hyène, ni *Helladotherium,* ni Girafe, ni ces grands troupeaux d'Antilopes qui donnent aux animaux du Léberon et de Pikermi un aspect africain.

Mais, à côté de ces contrastes, on rencontre des espèces identiques dans les gisements de l'Allemagne, de la Grèce et de la Provence; toutes les faunes du miocène supérieur d'Europe représentent des degrés d'évolution si rapprochés, qu'au premier abord on hésite à dire quelle a été la plus ancienne.

Cela me porte à penser que les deux sous-étages du miocène supérieur sont d'un âge peu éloigné, et que leur différence doit être attribuée en partie à des changements de configuration du sol qui auront occasionné des déplacements de faunes. Voici la manière dont je suppose que les choses se sont passées :

Les animaux d'Eppelsheim ont pu vivre vers la fin de l'époque pendant laquelle la mer de la molasse ou du moins un reliquat de cette mer établissait encore une barrière entre le centre et le sud de l'Europe ; placés au nord de la mer, ils ont eu peu de communications avec les régions du sud ; c'est peut-être pour cette raison qu'ils ont été différents des animaux africains.

Au contraire, les Quadrupèdes du Léberon ont existé après que la mer de la molasse avait cessé de battre le pied de cette montagne. Il est probable qu'à l'époque où ils vécurent, le fond de la Méditerranée était plus exhaussé que dans l'époque actuelle, car la ressemblance des espèces du Léberon et de Concud tend à faire croire que les Quadrupèdes terrestres trouvèrent des communications faciles entre l'Espagne et la Provence. Si on admet un exhaussement assez fort pour que l'Europe se soit sur quelque point unie avec l'Afrique, on comprend pourquoi la faune de cette contrée a un peu conservé la physionomie des faunes miocènes de la Provence, de l'Espagne et de la Grèce.

Lorsque je dis que la différence des deux sous-étages du miocène supérieur résulte surtout de changements survenus dans l'habitat des animaux, je ne pense pas indiquer un fait isolé dans l'histoire du développement des êtres. Il y a lieu de supposer que l'ensemble du monde organique a marché d'une manière continue, et que, si les géologues rencontrent de brusques apparitions de fossiles en passant d'un étage à un autre, c'est parce qu'ils ont en général placé les limites d'étages sur les points où il y a eu des déplacements de faunes. Le paléonto-giste qui ne croit pas aux migrations et aux extinctions locales ne peut admettre les enchaînements des êtres anciens ; il rencontre des apparitions, des disparitions et des retours qu'il ne saurait expliquer ; l'étude même du miocène en fournit bien des preuves ; je vais en citer quelques-unes :

Pourquoi voit-on dans le miocène supérieur de Pikermi un Singe très différent du *Dryopithecus* et du *Pliopithecus* du miocène moyen, et ces Singes du miocène moyen d'où sont-ils venus ?

Pourquoi les Civettes ont-elles laissé leurs débris en France dans le miocène inférieur, y manquent-elles dans le miocène supérieur et reparaissent-elles plus tard sous la forme Genette ?

Le genre Chien a vécu dans nos contrées durant la première moitié de l'époque miocène et à l'époque plio-cène ; que devint-il pendant l'époque intermédiaire ?

Peut-être l'*Ancylotherium* est un parent du *Macrothe-rium* ; mais où est l'ancêtre du *Macrotherium* ?

D'où sont arrivés les premiers Proboscidiens ? Comment expliquer que le *Mastodon turicensis* se montre à Sansan et à Simorre, disparaisse à Eppelsheim, revienne à Pikermi, et ne fréquente plus nos contrées après l'époque pliocène, tandis qu'il semble s'être perpétué longtemps encore dans l'Amérique du Nord sous la forme du *Mastodon americanus* ? Pourquoi les Mastodontes à dents mamelonnées, communs dans nos pays pendant les époques du miocène moyen, du miocène supérieur, du pliocène inférieur, ont-ils quitté la France avant la fin de l'âge pliocène, et se sont-ils continués dans l'Amérique du Nord pendant l'époque quaternaire ?

On a signalé le Tapir dans le miocène inférieur de l'Allier ; ses vestiges n'ont été observés ni à Sansan, ni à Simorre ; on les retrouve à Eppelsheim ; on les perd encore dans le Léberon ; ils apparaissent de nouveau dans le pliocène de Montpellier et d'Auvergne ; aujourd'hui, pour apercevoir un Tapir à l'état sauvage, il faut aller dans l'Inde ou en Amérique.

Pourquoi le *Chalicotherium* se rencontre-il à Sansan, manque-il à Simorre, revient-il à Eppelsheim ?

Où étaient, pendant les époques pliocène et quaternaire, le *Rhinoceros pachygnathus* de Pikermi, si voisin du *Rhinoceros simus* de l'Afrique actuelle, et le *Rhinoceros Schleiermacheri* d'Eppelsheim, très proche du Rhinocéros de Sumatra ?

Lorsqu'à l'exemple de M. Kowalevsky, je compare *Anchitherium* avec l'Hipparion, je ne résiste pas à la pensée que ces deux genres ont des liens de parenté ; pourtant, il doit y avoir eu entre eux des intermédiaires qu'on n'a pas découverts dans notre pays.

Si je compare l'*Hipparion* avec l'*Equus*, je suppose que l'un est descendu de l'autre, et même il me semble que l'*Hipparion occidentale*, le *Protohippus* de l'Amérique du Nord et l'*Hipparion antelopinum* de l'Inde ont diminué la distance qui séparait ces genres ; mais, en Europe, on ne connaît pas d'intermédiaire entre eux.

Peut-on comprendre pourquoi la famille des Antilopes se montre à Sansan, ne se trouve plus ni à Simorre, ni à Eppelsheim, reparaît très nombreuse dans le Léberon et à Montpellier, et n'est représentée aujourd'hui en Europe que par le Chamois et le Saïga, pendant que ses espèces abondent en Afrique et dans l'Inde ?

Comment le *Dorcatherium* du miocène supérieur d'Eppelsheim, qui ressemble aux Ruminants du miocène inférieur, manque-t-il dans le miocène moyen ?

D'où est arrivé l'*Helladotherium* de Pikermi et du Léberon ? Qu'est devenue pendant l'époque pliocène la Girafe du miocène supérieur d'Europe, dont l'analogue se voit maintenant en Afrique ?

Le genre *Hyœmoschus* vivait en France à l'époque du miocène moyen ; il existe encore en Afrique ; où était-il pendant le long espace de temps qui sépare l'âge du miocène moyen et l'âge actuel ?

Sans doute, plusieurs des interruptions locales que je viens de citer ne sont qu'apparentes, et elles disparaîtront au fur et à mesure que notre ignorance en paléontologie deviendra moins grande ; cependant il n'est point probable que toutes soient seulement apparentes. Or, pour expliquer ces interruptions dans la série des êtres, il faut, ou rejeter la doctrine de l'évolution, ou supposer qu'il y a eu des déplacements de Mammifères et des extinctions locales. La géologie démontre que de tels phénomènes ont pu avoir lieu : par exemple, quand, après la formation continentale à laquelle a été dû le calcaire de Brie, la mer tongrienne a envahi une partie de la France, de l'Allemagne et de la Belgique, les animaux terrestres ont nécessairement péri dans certains endroits ou se sont déplacés ; lorsque notre pays, exhaussé de nouveau, a vu se former le calcaire lacustre de la Beauce, les Mammifères ont pu revenir ; plus tard, quand le sol, encore réabaissé, a été envahi par la mer de la molasse, les Quadrupèdes terrestres ont dû s'éloigner ou mourir ; et, après que le lit de la mer de la molasse s'est desséché, plusieurs de ceux qui vivaient encore ont repris possession de leur ancien domaine. Il n'est pas douteux que, par suite de modifications dans la configuration du sol ou par toutes autres causes[1], les

---

[1] Parmi les causes qui ont influé sur les déplacements des animaux, il faut citer les changements de climat. Ainsi, à la suite des soulèvements qui ont marqué dans le nord de la France la limite du secondaire et du tertiaire, il se peut qu'il y ait eu une diminution sensible dans la température, et que ceci ait contribué à l'extinction ou au déplacement d'une partie de la faune secondaire ; lorsque le sol s'est un peu abaissé pour laisser se former la mer parisienne, la chaleur et l'humidité ont peut-être augmenté. La température, fort élevée pendant une partie des temps éocènes et miocènes, s'est abaissée vers la fin de l'époque pliocène ; il est probable que plusieurs espèces se sont éloignées ou rapprochées des pôles, selon que le froid s'accroissait ou diminuait. Lartet et Dawkins ont publié des notes

Mammifères des continents se soient fréquemment déplacés. Les travaux de Barrande, Pictet, Ramsay, Etheridge, Leymerie, Tournouër, etc., ont déja montré que les Mollusques ont voyagé dans les mers des temps passés. Plus la paléontologie progressera, plus on reconnaîtra l'utilité d'étudier les changements géographiques des êtres anciens.

IV. *Sur les formes analogues des Mammifères qui ont précédé et suivi ceux du miocène supérieur.*

D'après les raisons qui viennent d'être données, il serait chimérique de chercher dans un même pays un enchaînement non interrompu des êtres fossiles; pour saisir un tel enchaînement, il faudrait voir à nu toutes les couches de la terre.

Mais, si l'on est fondé à dire qu'en passant d'un étage à un autre, on aperçoit des lacunes, il faut ajouter qu'on

intéressantes sur les migrations des animaux quaternaires; on ne peut attribuer ces migrations uniquement à l'action de l'Homme, car, ainsi que M. Alphonse Milne Edwards l'a fait remarquer avec raison, ce ne sont pas certainement les sociétés humaines qui ont amené dans notre pays la grande Chouette blanche et le Tétras blanc des saules pendant l'époque glaciaire, et puis les ont renvoyés dans les contrées du Nord.

rencontre aussi des formes analogues. J'en peux citer des exemples qui me sont fournis par l'étude des Mammifères du miocène supérieur. Ainsi, quand je compare ces animaux avec les espèces du miocène moyen d'Europe, je trouve : *Simocyon* analogue d'*Amphicyon*, *Ictitherium Orbignyi* analogue de *Viverra*, *Machairodus cultridens* analogue de *Machairodus? palmidens*, *Ancylotherium* analogue de *Macrotherium*, *Mastodon longirostris* et *Pentelici* analogues de *Mastodon angustidens*, *Rhinoceros Schleiermacheri* analogue de *Rhinoceros sansaniensis*, . *Sus palæochœrus* analogue de *Sus chœroides*, *Chalicotherium* analogue d'*Anisodon*, *Dicrocerus anocerus* analogue de *Procervulus aurelianensis*, *Gazella deperdita* et *brevicornis* analogues de *Gazella Martiniana*.

Plusieurs espèces du pliocène d'Europe paraissent à leur tour devoir être citées comme les analogues des animaux du miocène supérieur. Ce sont : *Semnopithecus monspessulanus* analogue de *Mesopithecus*, *Hyæna Perrieri* et *brevirostris* analogues d'*Hyæna eximia*, *Sus provincialis* analogue de *Sus antiquus*, *Mastodon arvernensis* analogue de *Mastodon longirostris* et *Pentelici*, *Tapirus arvernensis* et *major* analogues de *Tapirus priscus*, *Antilope Cordieri* analogue de *Tragocerus amaltheus*, *Dicrocerus australis* analogue de *Dicrocerus anocerus*, *Cervus gracilis* analogue de *Cervus Matheronis*.

Ces analogues révèlent une certaine ressemblance entre la faune du miocène supérieur et les faunes qui l'ont précédée ou suivie. Quoique cette ressemblance se manifeste souvent dans les traits généraux plutôt que dans les détails, elle doit être prise en grande considération par les hommes qui cherchent à comprendre le plan de la création. En effet, ou bien elle force à admettre ce qu'on a appelé la *loi d'imitation*, c'est-à-dire à supposer qu'en créant les êtres d'une époque géologique, Dieu a pris en partie pour modèles les êtres des époques précédentes, ou bien il faut croire que les analogies représentent des liens d'une parenté soit proche, soit éloignée.

Je préfère la seconde de ces hypothèses, parce que la plupart des espèces analogues ont une si forte somme de ressemblances comparativement à celle des différences, qu'il paraît avoir été plus simple de les tirer les unes des autres que de les détruire pour en refaire de presque pareilles. Chez les Mollusques fossiles, ni la somme des ressemblances, ni celle des différences ne sont bien considérables, attendu qu'une coquille n'a pas des caractères très variés. Mais le squelette des Mammifères est composé d'un grand nombre d'os, qui eux-mêmes sont fréquemment compliqués : j'ai compté que le Rhinocéros a deux cent cinquante-quatre os et que le lion en a deux cent soixante-deux. Je prie mes lecteurs de se transporter en esprit auprès d'un paléontologiste qui veut déterminer l'espèce d'un Mammifère fossile, pour lequel il possède la plupart des pièces constitutives du squelette. Il les trouve presque toutes semblables à celles des animaux qui ont vécu soit avant, soit après ce Mammifère ; il observe seulement çà et là quelques faibles différences. Ne conçoit-on pas qu'il doive être obsédé par une telle accumulation de ressemblances? En vérité, on ne peut s'étonner s'il penche vers la supposition qu'il a sous les yeux, non pas des espèces d'origine distincte, mais un type qui a subi de légères modifications.

V. *Sur la distinction des races et des espèces de Mammifères à la fin des temps miocènes.*

Il y a encore une trentaine d'années, l'histoire de la période actuelle paraissait indiquer l'absence de races naturelles. Les momies d'Égypte n'avaient pas offert de différences avec les animaux qui vivent maintenant, et on en avait conclu que les espèces étaient invariables. Mais aujourd'hui[1], il est reconnu que l'époque actuelle

1 M. de Quatrefages, dans ses publications si approfondies sur la question des especes et des races, a bien montré la nécessité d'étudier les races naturelles ; je ne peux mieux faire que de renvoyer mes lecteurs à ses ouvrages. D'autres naturalistes, et surtout Charles Darwin, ont donné de précieux renseignements sur les races naturelles vivantes. En lisant les comptes rendus des voyages de M. Grandidier à Madagascar, on verra,

remonte bien plus loin que les momies d'Égypte : ainsi que l'a fait remarquer l'illustre Pictet, de si regrettable mémoire, la faune actuelle n'est qu'un membre de la faune quaternaire, car celle-ci comprend presque toutes les espèces modernes de Mammifères, et on ne peut la distinguer que parce qu'un certain nombre de grands Quadrupèdes se sont éteints· ou déplacés avant les temps historiques. Or, il devient très probable que plusieurs des animaux cités comme caractéristiques de l'époque quaternaire sont de même espèce que ceux d'aujourd'hui, et représentent seulement des races particulières : par exemple, l'Hyène tachetée, le Lion, le Bison d'Europe, le Taureau, le Cerf élaphe, semblent n'être que des races amoindries de l'*Hyæna spelæa*, du *Felis spelæa*, du *Bison priscus*, du *Bos primigenius*, du *Cervus canadensis* des âges quaternaires [1].

Si véritablement les espèces actuelles ont formé des races naturelles, il n'y a pas de raison pour que les espèces des temps passés n'en aient également formé. J'ai donc cru devoir examiner les variations des animaux du miocène supérieur pour apprendre si les espèces tertiaires n'auraient pas donné naissance à des races naturel-

par ce qu'il dit des Lémuriens, que l'examen de nombreux individus des mêmes espèces révèle la grande plasticité des types spécifiques de notre époque.

[1] Cela ressort surtout des importants travaux de Rütimeyer, Sanford et Dawkins sur les animaux quaternaires ou actuels.

les. Ouvrier inexpérimenté dans un champ si nouveau, je ne saurais me flatter d'avoir beaucoup découvert; mais peut-être j'aurai attiré l'attention des naturalistes qui me suivront, et surpasseront facilement cet insuffisant essai.

Voici le résumé des remarques que j'ai faites :

Les Hyènes du pliocène diffèrent peu de celles du miocène supérieur. Ainsi, on a recueilli à Sainzelle, près du Puy, un crâne que l'on a désigné sous le nom d'*Hyæna brevirostris*; ses mandibules sont plus hautes que chez l'*Hyæna eximia* de Pikermi et du Léberon, et sa taille est bien plus forte; mais ces modifications suffisent-elles pour empêcher de croire que l'*Hyæna brevirostris* est une race de l'*Hyæna eximia* ? On a trouvé à Perrier, près d'Issoire, une Hyène qui ressemble également à l'*Hyæna eximia*; Croizet l'a appelée *Hyæna Pierrieri*; à en juger par ce qu'on en connaît, je n'assure point qu'elle n'en est pas une race.

Les différences que présentent les *Machairodus cultridens* de Pikermi et du Léberon sont peut-être des différences de sexe plus marquées que dans les Lions actuels; mais si on ne les attribue point au sexe, elles doivent indiquer des variétés ou des races. Le *Machairodus latidens* n'a pas offert des variations moindres que le *Machairodus cultridens*.

Si les naturalistes ne s'accordent point pour distinguer les espèces et les races de *Felis* vivants, ils doivent être encore plus embarrassés pour affirmer que les différences de plusieurs des *Felis* de Pikermi, d'Eppelsheim, de Perrier, etc., sont des différences d'espèces et non de races.

Comme l'a remarqué M. Kaup, qui a créé le genre *Dinotherium* et en a manié beaucoup d'échantillons, les *Dinotherium bavaricum* et *Cuvieri* ne sont peut-être que des races plus petites du *Dinotherium giganteum*.

Le Rhinocéros de Pikermi appelé *Rhinoceros pachygnathus* et le *Rhinoceros simus* d'Afrique ne sont-ils pas des races d'une même espèce? Je rappelle que Duvernoy avait regardé le *Rhinoceros sansaniensis* comme une race du *Rhinoceros Schleiermacheri* d'Eppelsheim; ce dernier, ainsi que M. Kaup l'a signalé, a des affinités avec le Rhinocéros actuel de Sumatra.

On n'a pas jusqu'à présent indiqué des différences assez tranchées pour nier que le *Tapirus arvernensis* de Perrier soit une race du *Tapirus minor* de Montpellier, et que celui-ci soit lui-même une race du *Tapirus priscus* d'Eppelsheim.

Les Hipparions du miocène supérieur d'Europe présentent tant de différences dans les proportions de leurs membres, qu'au premier abord on voudrait les attribuer à des espèces distinctes; mais, comme on constate d'insensibles transitions entre eux, il y a lieu de penser qu'ils se rapportent à une seule espèce partagée en deux races : l'une lourde, l'autre grêle, communes toutes deux à Pikermi. Dans le Léberon, la race grêle s'est accentuée; on voit dans ce gisement des os plus faibles qu'aucun de ceux des Hipparions de la Grèce.

Le *Sus major* de la Provence se distingue du *Sus erymanthius* de Pikermi par l'absence de la grosse saillie qu'on remarque au-dessus de la canine dans les maxillaires du Sanglier de la Grèce. Je n'assure pas que l'un fût simplement une race de l'autre; mais, tout au moins, je crois que l'un a dû descendre de l'autre; car, à part la différence de la saillie des maxillaires, j'ai observé entre eux les ressemblances les plus minutieuses. Le *Sus simorrensis* de Simorre, le *Sus chœroides* de l'Anjou; les *Sus antiquus, palæochœrus, antediluvianus* d'Eppelsheim; les *Sus giganteus, hysudricus* de l'Inde, le *Sus provincialis* de Montpellier, le *Sus arvernensis* de Perrier, n'offrent point de telles différences, qu'il soit interdit de penser que les noms de quelques-uns de ces animaux représentent simplement des races. Paul Gervais a dit que le *Sus Doati* n'est peut-être qu'une race plus grande du *Sus simorrensis.*

Le *Tragocerus amaltheus* a laissé de nombreux débris dans le mont Léberon comme à Pikermi. En comparant les divers échantillons des deux gisements, il m'a semblé que cette espèce se partageait en trois races : une race à cornes grandes et divergentes, commune à Pikermi, rare dans le Léberon; une race à cornes grandes et rapprochées, qui était au contraire rare à Pikermi, commune dans le Léberon; une race qui avait des cornes-petites, écartées à leur base, peu divergentes, et était également peu abondante dans l'une et l'autre localité.

J'ai trouvé à Pikermi un axe de corne de *Palæoreas* sans arête; je n'ai pas osé l'inscrire sous un autre nom que les autres os des *Palæoreas* de ce gisement, mais une Antilope ayant de telles cornes a pu devenir la souche d'une race particulière. Une forme semblable à celle de l'Attique a été rencontrée en France, elle a été décrite par M. Aymard et plus récemment par M. Depéret.

Les Gazelles fossiles n'ont pas été moins nombreuses que les Tragocères. Celles de Pikermi et du Léberon ont appartenu à une même espèce partagée en deux races : celle de Pikermi à cornes grandes, rondes, divergentes, celle du Léberon à cornes plus petites, plus aplaties, se rapprochant sur la ligne médiane pour prendre une disposition lyrée très accentuée.

Le *Procervulus aurelianensis* de Montabuzard et des sables de l'Orléanais, les *Dicrocerus furcatus* de Steinheim et *elegans* de Sansan, les *Dicrocerus anocerus* et *dicranocerus* d'Eppelsheim, le *Dicrocerus australis* de Montpellier, paraissent, à en juger par leur bois, former un groupe où il est encore difficile de distinguer ce qui est race et ce qui est espèce.

Assurément, certains animaux fossiles, dans l'état très imparfait de nos connaissances, nous semblent être de même race, et cependant nous apprendrons qu'ils sont d'espèces différentes quand nous les étudierons mieux; en compensation, on peut dire que plusieurs fossiles, classés en ce moment comme espèces distinctes, paraîtront représenter seulement des races d'une même espèce, lorsque la découverte de nombreux individus aura révélé leurs variations et leurs formes de transition.

D'où sont venues ces diversités de races dont je crois apercevoir quelques indices jusque dans les temps miocènes? Pourquoi la plupart des Hipparions, des Gazelles et des Tragocères du Léberon eurent-ils des membres plus grêles que les mêmes espèces de l'Attique? Ce n'est peut-être pas uniquement parce que la végétation de la Grèce était plus luxuriante que celle de nos pays, car Livingstone a dit en parlant de l'Afrique tropicale : « L'abondance de nourriture que fournit cette région comparativement à celle du sud ferait supposer que les animaux doivent y être plus grands que dans le Midi; mais les mesures que j'ai prises m'ont prouvé qu'au nord du vingtième degré de latitude, les animaux sont plus petits que ceux de la même race que l'on rencontre au midi de ce parallèle. » Et pourquoi les Tragocères, les Gazelles, eurent-ils le plus souvent dans le Léberon leurs cornes rapprochées, tandis qu'à Pikermi ils avaient généralement leurs cornes divergentes? Je l'ignore et n'en saurais donner de meilleures raisons que pour les changements de genres et d'espèces. Autant vaudrait demander pourquoi les Gazelles du Léberon et de Pikermi avaient de longs os nasaux tandis que les os des narines chez les Gazelles actuelles et surtout chez les Saïgas sont si raccourcis, pourquoi les *Dinotherium,* les plus gigantesques des Mammifères, s'éteignirent après l'époque miocène, pourquoi un peu plus tard les puissants Mastodontes furent remplacés par les Éléphants? Les hommes qui étudient le monde vivant ont pu croire à la fixité des espèces, mais ceux qui scrutent les temps géologiques sont plutôt portés à penser que le changement est l'essence des ·créatures : l'activité de Dieu semble s'être manifestée par des modifications incessantes qui, en donnant de la variété à la nature, ont contribué à sa beauté.

Il faut avouer que l'ancien système de créer un nom spécial pour la moindre variation est très commode, tandis que pour distinguer les races des espèces, les paléontologistes sont exposés à bien des erreurs. Dans le monde vivant, lorsque les descendants d'un même être présentent des différences, et que cependant ils n'ont pas assez divergé pour cesser de donner par leur union des produits féconds, ils sont considérés comme constituant deux races d'une même espèce ; lorsqu'ils ont divergé au point de cesser de donner des produits féconds, on les dit d'espèce différente. En paléontologie, non seulement nous ne pouvons avoir un tel critérium, mais encore il est très difficile de se guider par les ana-

logies qu'offrent les animaux actuels, car il y a parmi
eux une extrême inégalité dans les caractères extérieurs,
qui séparent la race de l'espèce : par exemple, les races
de Chiens sont plus différentes les unes des autres que
l'espèce Ane ne l'est de l'espèce Cheval.

Ceci montre que nous n'arriverons qu'à des à peu
près pour discerner chez les êtres fossiles le degré qu'on
nomme *race* dans la nature actuelle et le degré qu'on
nomme *espèce*. Mais, pour atteindre la vérité le plus près
possible, on pourrait adopter la méthode que voici :
lorsque les différences qui séparent des animaux fossiles
ont peu d'importance au point de vue de l'évolution, il
est permis de croire que ces animaux n'ont été que des
races d'une même espèce, c'est-à-dire, selon la définition
précédente, qu'ils ont donné ensemble des produits
féconds : ainsi, les divers Hipparions de Pikermi et du
Léberon, qui ne se distinguent guère les uns des autres
que par leurs formes plus lourdes ou plus grêles, ont pu
être des races d'une même espèce. Au contraire, lorsque
les caractères qui séparent les animaux semblent indiquer une différence dans leur degré d'évolution, on doit
supposer que ces animaux sont devenus des espèces
distinctes, c'est-à dire qu'ils ont cessé de donner ensemble
des produits féconds ; car, s'il en eût été autrement, la
nature aurait tourné dans le même cercle, au lieu de
présenter ces divergences qui ont imprimé à chaque
époque géologique une physionomie particulière.

Par exemple, quand on trouve dans l'Amérique du Nord les Hipparions appelés *Hipparion occidentale* et *Protohippus*, on a lieu de penser que ces Équidés, après être descendus de l'*Hipparion gracile* ou de Quadrupèdes très voisins, n'ont pas continué à s'unir avec eux, puisqu'ils ont une tendance plus marquée vers la forme Cheval. Lorsque l'*Hipparion antelopinum* a perdu ses doigts latéraux, on peut croire aussi qu'il a cessé de donner des produits féconds avec l'*Hipparion gracile*. S'il n'en eût pas été ainsi, les Équidés seraient restés dans l'état intermédiaire appelé Hipparion, au lieu d'atteindre l'état appelé Cheval qui offre dans sa plus grande perfection le type de l'animal coureur.

Suivant le même raisonnement, quoique les *Dremotherium* nommés *Amphitragulus* ressemblent beaucoup aux autres *Dremotherium*, je pense qu'ils constituent une espèce et non une race, car leurs grandes canines supé-rieures et leurs molaires inférieures au nombre de quatorze indiquent un degré d'évolution de moins que dans les autres *Dremotherium* ; si ces derniers, après en être descendus, avaient persisté à produire avec eux, la forme Ruminant, qui est un des plus admirables types de la nature actuelle, ne se serait pas aussi nettement séparée de la forme Pachyderme.

Par la même raison, bien que les *Ictitherium robustum* et *hipparionum* se ressemblent extrêmement, je suppose que ce sont des espèces distinctes, parce que si les seconds n'avaient pas cessé de donner des produits féconds avec les premiers, ils auraient continué à présenter une forme intermédiaire entre les Civettes et les Hyènes, au lieu de produire le type Hyène très bien adapté pour dévorer toutes les parties des cadavres.

Quoique le *Simocyon* d'Eppelsheim et celui de Pikermi aient de si grands rapports que le second me semble être descendu du premier, M. Hensel a peut-être bien fait de me reprocher de les avoir réunis dans la même espèce, car lorsque les prémolaires sont devenues en partie caduques chez la bête de Pikermi, elles ont préparé un état plus éloigné de l'ancien type Amphicyon et plus rapproché du type Ours.

Je pourrais multiplier ces exemples ; ceux-là suffisent sans doute pour expliquer dans quels cas des animaux issus des mêmes parents me semblent mériter des noms d'espèces ou représenter seulement des races.

Quelle que soit la difficulté de marquer la séparation des espèces et des races fossiles, je crois que cette séparation est digne d'attirer l'attention des naturalistes. L'histoire des êtres passés révèle une succession de nuances indéfinies : la Divine Sagesse a su coordonner ces nuances ; mais vouloir distinguer chacune d'elles par un nom spécial, c'est préparer des catalogues sans limites où l'humaine faiblesse se perdra.

VII

LA PALÉONTOLOGIE AU MUSÉUM

C'est dans le Jardin des plantes que la science des êtres fossiles a été constituée.

Cuvier en a été le fondateur, et un autre professeur du Muséum, Blainville, lui a donné son nom de *paléontologie*. Mais, ainsi qu'un de mes savants collaborateurs, M. Fischer, le faisait récemment remarquer dans une intéressante note sur notre nouvelle galerie, on se contenta de donner un nom spécial à la paléontologie ; on n'admit pas que ce fût une science distincte. Comme on ne connaissait qu'un petit nombre de fossiles, un même homme était capable d'embrasser dans ses études les êtres de l'époque actuelle et ceux des âges passés ; puis, la géologie était peu avancée, et, malgré les admirables travaux d'Alexandre Brongniart, de Smith, de Buckland, de d'Omalius-d'Halloy, etc., on n'avait pas des idées très nettes sur la succession des êtres.

Il y a trente-six ans, quand j'entrai dans le Muséum pour y déterminer les fossiles, il n'existait pas de chaire de paléontologie ; aucun professeur n'avait la mission de considérer les êtres organisés à leur début et de les suivre à travers les temps géologiques, de manière à tâcher de comprendre le plan que l'Auteur du monde a suivi pour produire et développer la vie.

Voici comment le service de la paléontologie était réparti :

Un ami de Cuvier, l'excellent anatomiste Duvernoy, qui venait de remplacer de Blainville dans la chaire d'anatomie comparée, administrait les Vertébrés fossiles.

Un autre élève de Cuvier, Valenciennes, était chargé de la malacologie, y compris les Mollusques et les Rayonnés fossiles.

Henry Milne Edwards qui, outre ses travaux originaux sur les êtres vivants, se livrait à de grandes recherches sur la paléontologie des animaux invertébrés, avait dans son département les Trilobites et les autres Articulés fossiles ;

Adolphe Brongniart, le créateur en France de la paléontologie végétale, rangeait et nommait les plantes fossiles.

Enfin mon cher maître le professeur Cordier et son

habile aide-naturaliste, Charles d'Orbigny, réunissaient dans leur collection de géologie de nombreux fossiles de différentes classes. C'était la seule collection rangée dans un ordre chronologique. Ils ont rendu de grands services au Muséum, ces deux hommes si dévoués à la science et aux savants, toujours prêts à donner un conseil qui éclaire, une parole qui encourage ; mais naturellement ils devaient s'occuper surtout de la géologie proprement dite, et il leur restait peu de loisir pour s'adonner à la paléontologie. On m'avait chargé spécialement de nommer les fossiles ; j'étais alors un naturaliste novice, et, malgré ma bonne volonté, je ne pouvais être d'un grand secours.

Peu à peu on comprit qu'il serait curieux de créer un enseignement pour considérer dans son ensemble l'histoire de la vie.

I. *Alcide d'Orbigny.*

En 1853, M. Fortoul, ministre de l'instruction publique, fonda la chaire de paléontologie ; il y nomma Alcide d'Orbigny.

Je voyageais alors dans l'île de Chypre. Après trente-quatre ans, je me rappelle encore le beau palmier au pied duquel je reçus la nouvelle de la création de la chaire ; j'étais au bord de la mer dont les flots donnent une idée de l'immensité, sous le ciel diaphane de l'Orient qui jette l'âme dans l'infini. J'eus une vive joie à la pensée que désormais on m'apprendrait à lire dans ce livre merveilleux de la nature passée dont la majesté dépasse encore toutes les majestés de la nature actuelle. Et puis, je supposais qu'Alcide d'Orbigny devait enfin être heureux ; il était resté huit ans en Amérique, où il avait passé beaucoup de temps chez des peuplades sauvages ; ensuite il s'était livré à des travaux excessifs, il avait excité sur tous les points de la France le goût des études paléontologiques, et à l'âge de quarante-neuf ans, il était encore sans position.

L'année d'après, en 1854, je rentrai en France ; je ne trouvai pas Alcide d'Orbigny tout à fait content, car si on l'avait nommé professeur-administrateur de paléontologie, on ne lui avait pas remis de collections de paléontologie à administrer. Un professeur de psychologie peut se passer d'objets matériels ; mais un professeur d'histoire naturelle qui n'a pas de collections des êtres dont il doit s'occuper est dans un singulier embarras.

Alcide d'Orbigny était né le 6 septembre 1802, près de La Rochelle ; dans son enfance, il fut bercé par le bruit des flots ; le grandiose voisinage de l'Océan lui inspira un amour qui domina toute son existence, l'amour de l'inconnu. Pour le satisfaire, il se fit voyageur. Le commencement de sa carrière fut consacré à de longues explorations dans l'Amérique du Sud. Dans aucune partie du monde, les montagnes, les plaines, les fleuves, les forêts ne sont plus largement dessinés. En présence des grandes scènes de la nature, d'Orbigny sentit son esprit s'élever ; à son retour dans notre pays, les horizons lui semblèrent rétrécis. Habitué sur un sol vierge à des découvertes journalières, il ne vit plus assez de nouveautés parmi les animaux et les plantes ; il devint paléontologiste : suivre les êtres à travers les espaces ou les suivre à travers les temps, c'est à peu près la même chose.

C'est en 1826 qu'Alcide d'Orbigny entreprit l'exploration de l'Amérique méridionale. Il était alors âgé de vingt-quatre ans.

Déjà il avait fait ses preuves devant le monde savant. Fils d'un chirurgien de la marine royale qui cultivait les sciences avec distinction, il fut de bonne heure initié à l'histoire naturelle. Élevé sur le bord de la mer, il passa son enfance à étudier les productions marines. A vingt et un ans, il présentait à l'Académie des sciences un ouvrage sur les Foraminifères. Dans le rapport que Geoffroy Saint-Hilaire et Latreille firent sur ce travail, on lit ces mots : « L'ordre des Foraminifères est une création de M. d'Orbigny. »

Bientôt après, il partit pour l'Amérique du Sud, chargé d'une mission d'histoire naturelle. Il toucha le Brésil, alla à Buenos Aires et à Montevideo, remonta le Parana, visita la Patagonie, doubla le cap Horn, débarqua au Chili, explora le Pérou et surtout la Bolivie.

Après un voyage de près de huit années, il revint en France, rapportant plus de quatre mille espèces d'Insectes, plus de cent cinquante espèces de Crustacés, autant d'espèces de Poissons, plus de cent espèces de Reptiles, plus de six cents espèces de Coquilles, etc. Il décrivit un nombre immense d'êtres nouveaux.

Là ne se borna point sa tâche : pour connaître les animaux, il ne suffit pas d'étudier leurs caractères extérieurs ou anatomiques, il faut assister à leur vie, surprendre leurs mœurs, découvrir leur instinct, ce rayon de lumière intellectuelle que l'Auteur de la nature a distribué aux créatures les plus humbles. On doit aussi considérer les êtres dans leurs rapports avec les milieux où ils sont placés. Le monde matériel est en effet un antagonisme des forces animales, végétales et minérales : si les animaux agissent sur le règne végétal et le règne minéral, ces deux règnes à leur tour exercent sur les êtres doués de sensibilité une puissante action. Dans une contrée comme l'Amérique du Sud, où l'Homme a très peu modifié la nature, on apprécie plus sûrement que dans les pays civilisés les influences réciproques des divers milieux. On y étudie facilement les rapports de la distribution des êtres avec la latitude et l'élévation du sol, car auprès du bord de la mer on rencontre des montagnes dont les sommets dépassent 7000 mètres ; de la zone tempérée froide, on passe à la zone chaude et à la zone torride. Le nouveau monde est un magnifique théâtre pour un naturaliste : on y peut embrasser une grande partie des merveilles de la création, les com-parer entre elles, saisir comment les moindres détails contribuent à l'harmonie de l'univers. D'Orbigny a décrit avec amour la nature américaine. Alex. de Humboldt néglige souvent les détails, il exprime de grandes idées sous une forme concise. D'Orbigny raconte plus longuement ce qu'il a vu ; s'il trouvé une plante, un animal nouveau, il les contemple sous toutes les faces. Ses descriptions de la vie intime chez les peuplades améri-caines, les récits de ses courses au milieu des forêts vierges ou sur des fleuves inconnus présentent un charme inexprimable. Ses observations géologiques sont parti-culièrement intéressantes ; dans ses expéditions, toujours on le voit une main armée d'un fusil pour se défendre contre les sauvages et les jaguars, l'autre main armée d'un marteau pour déterrer les richesses du monde minéral. Il prévoit le rôle qui lui est destiné, il se prépare à devenir un des principaux promoteurs de la paléontologie.

Les résultats de son voyage furent publiés dans un ouvrage qui, à lui seul, aurait pu absorber une vie entière. Le *Voyage dans l'Amérique méridionale* restera sans doute comme un des principaux monuments de la science du XIX° siècle. « Cet immense ouvrage, a dit Élie de Beaumont, présente dans son cadre presque encyclopédique une des monographies les plus étendues qu'on ait données d'aucune région de la terre. » Dans cette publication, d'Orbigny a embrassé des sujets très divers.

Avant son voyage, on possédait si peu de renseignements sur les habitants du nouveau monde, que Georges Cuvier les regarda comme trop peu connus pour les faire entrer dans sa classification des races humaines. Alex. de Humboldt avait vu seulement les peuples qui habitent le nord de l'Amérique méridionale; Azara avait observé plusieurs peuples du sud, mais il n'avait pas approfondi leurs langages et leurs traits physiologiques. Dans *l'Homme américain*, d'Orbigny a embrassé l'étude d'une grande partie des habitants du nouveau monde, discuté tous les caractères des diverses nations, soit au point de vue physique, soit au point de vue moral, étudié leurs langages, suivi leurs changements, leurs migrations ; j'ai entendu dire à un savant très compétent en anthropologie, M. Hamy, que *l'Homme américain* était un des plus remarquables travaux qui aient été publiés sur les races humaines.

Lorsque d'Orbigny eut organisé la publication de son voyage en Amérique, il se voua tout entier à la paléontologie. Il s'appliqua principalement aux animaux inférieurs. Cuvier en France, Hermann de Meyer en Allemagne, Richard Owen en Angleterre, Agassiz en Suisse, avaient beaucoup éclairé l'étude des êtres supérieurs. Ces derniers animaux, par leur taille et la complication de leurs organes, sont aux yeux des zoologistes les plus intéressants, mais ils sont les moins utiles aux géologues parce qu'ils sont les plus rares. Il y a quelques années, on a calculé le nombre des animaux fossiles, et, sur vingt-quatre mille, on a reconnu que dix-huit mille, c'est-à-dire les trois quarts, appartenaient aux animaux de dernier ordre (les Mollusques et les Rayonnés.)

Aucune collection paléontologique spéciale aux êtres inférieurs n'existait encore en France, lorsque d'Orbigny commença ses travaux sur les fossiles ; il résolut d'en fonder une, et le succès couronna largement ses efforts.

On doit s'étonner qu'un seul homme, réduit à des ressources modestes, ait pu réunir tant de richesses scientifiques. Cette collection n'a pas été dispersée, et une loi l'a conservée à la France. Le nombre des échantillons s'élève à plus de cent mille.

Aussitôt que d'Orbigny fut à la tête d'une collection, il fonda une publication véritablement nationale, *la Paléontologie française*, appelée à renfermer l'étude de tous les animaux inférieurs fossiles dans notre pays. Cette grande entreprise a été soutenue en Angleterre : deux fois la Société géologique de Londres a décerné le prix Wollaston à *la Paléontologie française*. Cet ouvrage, composé de seize volumes, renferme plus de trois mille espèces fossiles décrites et représentées par des dessins minutieusement exécutés. Faire connaître une multitude si grande des anciens habitants du globe, rassembler tant de débris enfouis dans les entrailles de la terre, n'est-ce pas en quelque sorte créer ? D'après le dépouillement que nous avons fait des divers ouvrages de d'Orbigny, le nombre des espèces fossiles que ce naturaliste a le premier signalées dépasse deux mille cinq cents. De telles études ont une importance capitale.

Plus nos connaissances sur les espèces animales se multiplient, mieux nous comprenons les grandes lois qui les régissent. On avait depuis longtemps posé cet axiome : *La nature ne fait pas de saut*, c'est-à-dire les êtres se lient les uns aux autres par des passages insensibles. Cependant, lorsque l'on considérait avec attention la série animale, on voyait de distance en distance des lacunes. Les découvertes des animaux fossiles viennent rétablir les anneaux qui manquaient dans la grande chaîne des êtres.

La Paléontologie française donna dans tous nos départements une puissante impulsion à l'étude des fossiles. L'auteur de cet important ouvrage avait l'habitude, lorsqu'une personne lui envoyait des espèces nouvelles, de lui dédier l'une de ces espèces. On était heureux de voir perpétuer son nom par celui de quelque produit de la nature ; puis il se mêlait à ce sentiment de vanité innocente le noble désir de contribuer aux progrès de la science ; chacun voulait ajouter quelques rayons à la lumière qui se répandait sur le vieux monde. On cherchait avec empressement de nouveaux fossiles, animé de l'espérance que les découvertes seraient consignées dans *la Paléontologie* et entreraient ainsi dans le domaine de la science.

Il serait à désirer qu'on fondât en France une association paléontologique semblable à celles que les Anglais, les Allemands, les Suisses ont établies chez eux ; ces associations, destinées à faire connaître les fossiles spéciaux à chaque pays, donnent les plus heureux résultats ; à moins de former une pareille association, nous parviendrons difficilement à décrire toutes les plantes et les animaux qui ont anciennement peuplé la France.

Même dans ses plus minutieux travaux de description, d'Orbigny intercala des résumés où il reprenait les détails pour en tirer des lois générales : son regard semblait avoir besoin de vastes horizons.

L'immense cadre de *la Paléontologie française* parut trop étroit à d'Orbigny ; il essaya de décrire tous les Mollusques et tous les Rayonnés fossiles, ceux de l'étranger aussi bien que ceux de la France : il fonda *la Paléontologie universelle*. Voulant aussi considérer à la fois les animaux de l'époque actuelle et des temps passés, il commença l'*Histoire des Mollusques vivants et fossiles*. Ces entreprises étaient chimériques ; les facultés de tout homme sont bornées.

Forcé de renoncer à décrire tous les Mollusques et tous les Rayonnés fossiles connus dans le monde, d'Orbigny voulut du moins en former le catalogue systématique. Ce catalogue, publié sous le nom de *Prodrome de paléontologie*, occupe trois volumes ; il renferme plus de dix-huit mille espèces, classées suivant les périodes géologiques. Ce fut une œuvre immense. Il faut être un profond naturaliste pour négliger les caractères secondaires qui constituent la variété, et s'attacher aux caractères fixes qui limitent l'espèce. Pour savoir si un échantillon a déjà été décrit, pour se reconnaître parmi les divers noms qu'une seule espèce a souvent reçus, on doit consulter de vastes ouvrages, d'innombrables brochures. La nomenclature est un labyrinthe où beaucoup d'auteurs se sont égarés. Cette étude rapporte peu d'honneur, et on ne peut s'y adonner sans brûler d'un amour très pur pour la science. Cependant elle est la base indispensable de toutes les théories sérieuses sur le développement des êtres. On va voir quel parti d'Orbigny en a tiré pour l'histoire des animaux fossiles.

La plupart des géologues partagent au moins en cinq périodes l'histoire du monde ; quelques-uns subdivisent ces périodes. D'Orbigny a compté vingt-sept époques depuis le jour où la vie aurait commencé dans le monde ; la durée de ces époques aurait correspondu à la formation d'autant d'étages qui seraient superposés les uns aux autres, et renfermeraient chacun des groupes d'êtres spéciaux.

D'Orbigny a composé le *Cours de paléontologie élémentaire* pour démontrer l'existence de ces vingt-sept étages : il a donné une description minutieuse de chacun d'eux ; il a cherché à prouver qu'ils sont indépendants les uns des autres, et assuré qu'un très petit nombre d'animaux fossiles passent d'un étage dans un autre. Comme cette opinion est fondée sur la comparaison de plus de dix-huit mille fossiles, elle ne laisse pas d'avoir une grande valeur : le naturaliste discute sur des chiffres ; il y a peu de chose à répondre à de tels arguments.

Non seulement d'Orbigny admit un très grand nombre d'étages, mais encore il supposa que ces étages étaient les mêmes dans tout le monde. « Les étages, dit-il, que nous avons adoptés sont l'expression des divisions que la nature a tracées à grands traits sur le globe entier. »

Comme il arrive fréquemment à ceux qui ont à lutter contre une très vive opposition, d'Orbigny a exagéré son système ; il a attribué à chaque étage plus de netteté qu'il n'en a eu réellement. Ce qui semble certain, c'est que les diverses époques géologiques ont été caractérisées par des animaux et des végétaux particuliers. Voilà une idée qui reçoit chaque jour des confirmations. Elle a changé la face de la géologie ; autrefois on distinguait les terrains d'après les caractères physiques, aujourd'hui on les classe d'après leurs fossiles. Sans doute la gloire première de cette idée appartient à Smith et à Alex. Brongniart ; en France, en Allemagne, surtout en Angleterre, plusieurs géologues l'ont développée : aucun cependant n'a plus que d'Orbigny combattu pour elle, aucun n'a cherché davantage à la propager.

D'Orbigny a repoussé la théorie de la transformation des êtres. S'ils ont été plusieurs fois renouvelés pendant la durée des temps géologiques et s'ils n'ont point eu le pouvoir de se transformer, il faut imaginer une force qui soit en dehors d'eux, et cette force, c'est la puissance *immédiate* de Dieu. Les vingt-sept époques de d'Orbigny correspondent, selon lui, à vingt-sept créations distinctes.

Suivant l'opinion de plusieurs naturalistes, les espèces fossiles, qui ne sont pas transformées se seraient éteintes d'elles-mêmes ; elles seraient mortes de vieillesse. Les sociétés, comme les individus, auraient une somme

de vie qui s'épuiserait 'après' un certain laps de temps.
Cette idée est séduisante pour la raison; cependant
d'Orbigny ne l'a pas acceptée, il l'a crue en désaccord
avec les faits observés. Il a pensé que l'extinction des
animaux avait été le résultat des grands bouleverse-
ments géologiques qui ont produit les chaînes de montagnes. Il a constaté des changements de générations à
des époques où l'on n'a pas encore indiqué des soulèvements de montagnes ; mais il pensait que les océans
cachent sans doute la trace de plusieurs dislocations
anciennes.

Dans la chaire de paléontologie qu'il fut chargé d'occuper au Jardin des plantes, le savant professeur aimait
à exposer les grandes questions théoriques de la paléontologie, et surtout il insistait sur ce fait qui domine tous
ses travaux et en est le résumé : *Les temps géologiques
se divisent en un grand nombre de périodes distinctes caractérisées par des êtres spéciaux qui sont nés avec ces périodes, qui sont morts avec elles.* La paléontologie aux yeux
de d'Orbigny était surtout une science historique: c'était
le récit de chacune de ces périodes qui ont vu naître, se
développer et mourir de nouvelles générations de plantes
et d'animaux. Qu'emporté par le charme des découvertes, il ait souvent été trop absolu dans l'exposé de
l'histoire du vieux monde, c'est chose certaine ; mais
on ne saurait douter qu'il n'ait eu une foi profonde dans
ses doctrines : il croyait lire couramment dans l'histoire

des êtres anciens. L'affirmation était le propre, non seulement de son style quand il écrivait, de ses paroles quand il professait au Muséum, mais encore de son esprit, alors qu'il était seul au milieu des produits de la nature.

Si on compare la paléontologie d'aujourd'hui avec ce qu'elle était au temps de Cuvier et d'Alex. Brongniart, ses premiers fondateurs, on verra quels immenses progrès elle a faits, et d'Orbigny, de l'aveu de tous, est celui qui lui a communiqué la plus forte impulsion.

Quatre ans après sa nomination, Alcide d'Orbigny mourut.

II. *D'Archiac.*

La chaire de paléontologie fut alors laissée vacante pendant quatre ans; puis on nomma le vicomte d'Archiac Desmiers de Saint-Simon.

Adolphe d'Archiac vint au monde à Reims le 24 septembre 1802, c'est-à-dire la même année que d'Orbigny, son prédécesseur dans la chaire du Muséum, et une année après la naissance de son successeur Lartet. Il fut élevé à Mesbrecourt, arrondissement de Laon ; sa préparation pour Saint-Cyr eut lieu à l'École des Pages de Versailles. En sortant de Saint-Cyr, il entra dans la cavalerie. Pendant qu'il était au service, il fit un roman historique en trois volumes, intitulé : *Zizim et les Chevaliers de Rhodes*. Ce n'est pas ce qu'il a fait de mieux, mais la sagesse de sa préface montra qu'il saurait trouver sa véritable voie : « Mon inexpérience, disait-il, a pu m'égarer dans une route que je parcours pour la première fois ; je m'en rapporterai avec confiance au jugement du public pour arrêter définitivement le mien. » Après la révolution de 1830, l'auteur de *Zizim*, lieutenant dans un régiment de chasseurs, quitta le service militaire. Depuis ce moment, il se livra tout entier à la géologie.

D'Archiac a conservé de son premier genre de vie une habitude de précision qui a donné à tous ses ouvrages un cachet vraiment remarquable.

La science lui doit plusieurs importantes monographies, par exemple : les observations sur le groupe moyen de la formation crétacée ; la description géologique du département de l'Aisne ; les études sur la formation crétacée des versants sud-ouest, nord et nord-ouest du plateau central de la France ; la description des fossiles nummulitiques de Bayonne et de Dax et celle des fossiles crétacés du Tourtia de Belgique, les études géologiques sur les Corbières. En collaboration avec M. de Verneuil, il a décrit de nombreux fossiles dévoniens de la Prusse et de l'Espagne ; avec Jules Haime, il a composé un ouvrage sur les fossiles nummulitiques de l'Inde avec MM. de Verneuil et Fischer, il a fait connaître les fossiles d'Asie Mineure rapportés par M. de Tchihatcheff; et pendant les jours qui ont précédé sa mort, il étudiait les fossiles d'Égypte qu'un habile géologue, Delanoüe, a donnés au Muséum.

Si considérables qu'aient été ces divers travaux, les recherches qui ont fait surtout la réputation de d'Archiac sont ses recherches d'érudition. Tous les géologues ont lu son *Histoire de la paléontologie stratigraphique* et son *Histoire des progrès de la géologie*, ouvrage en huit volumes, édité par la Société géologique de France. Si l'on veut apprendre pourquoi il a cru devoir consacrer une partie de sa vie à analyser les travaux de ses prédécesseurs et de ses contemporains, il faut lire l'introduction d'un livre qu'il a publié en 1866, sous le titre de *Géologie et Paléontologie:* La science, dit-il, est comme un fleuve, on ne la connaît bien qu'en remontant jusqu'à sa source. Omettre le tableau des spéculations et des recherches positives qui ont précédé celles de notre temps, ne pas indiquer les différentes voies parcourues ou tentées avant qu'on ait su découvrir la vraie, ce serait renoncer à avoir une juste idée de la science, et manquer du sentiment d'équité que nos devanciers ont droit d'attendre de ceux auxquels ils ont préparé la route. » Les ouvrages de d'Archiac ont montré d'une manière frappante les progrès de la géologie et de la paléontologie depuis quarante années. Ils ont rendu un signalé service aux savants français en leur faisant connaître les travaux qui ont été publiés à l'étranger. Que n'avons-nous eu beaucoup de d'Archiac ! Dans chaque spécialité, on eût appris ce qui se faisait chez nos voisins, et peut-être ainsi de grandes épreuves auraient été épargnées à notre pays.

De tous les services que d'Archiac a rendus à la géologie, le plus important, peut-être, a été de mettre en relief la multiplicité des étages ou sous-étages paléontologiques. Il s'est attaché à prouver qu'il n'y a pas eu un certain nombre d'époques bien séparées les unes des autres, mais qu'il y a eu une multitude de changements, correspondant à autant de petites couches ou de faunules, et que ces faunules se sont reliées par quelques espèces communes. C'est surtout dans son cours du Muséum qu'il a développé cette manière de voir ; il a passé successivement en revue la paléontologie des différents pays, donnant la liste des fossiles de chaque couche, notant avec soin les espèces spéciales et celles qui se sont continuées d'une assise à une autre.

La conviction que les êtres ont beaucoup varié suivant les régions a porté d'Archiac à bien accueillir les idées de Pictet sur les lents déplacements des Mollusques dans les mers crétacées. S'il a hésité à reconnaître la théorie des colonies de M. Barrande, c'est parce qu'elle suppose plusieurs espèces revenant après un très long espace de temps dans un pays, sans qu'aucune d'elles ait subi le moindre changement. Or, d'Archiac croyait que chaque époque a eu sa physionomie propre. Il a écrit ces paroles: «Les formes qui ont une fois disparu ne se montrent plus; leur rôle est accompli; elles font place à d'autres qui disparaissent à leur tour; et, si Linné a dit avec raison: *Natura non facit saltus*, on peut dire également: *Non retroit natura.* »

Les ouvrages de d'Archiac renferment plus d'un passage qui révèle des tendances vers la doctrine de l'évolution. En 1853, il écrivait : « Au fur et à mesure qu'on s'élève dans les différents étages d'une formation, on remarque que les fossiles présentent des modifications graduelles et continues, telles que par leur facies ou l'ensemble de leurs caractères les animaux de ces derniers dépôts sont plus voisins de ceux de la formation qui leur a succédé immédiatement, que de ceux des premières couches de la formation à laquelle ils appartiennent. » En 1866, il disait : « Le présent de la terre n'est que la conséquence de son passé, et cela aussi bien pour le règne organique que pour le règne inorganique. Les animaux et les végétaux qui nous entourent et au milieu desquels nous vivons, ne sont que les descendants ou les représentants de ceux qui les ont précédés. Les formes vivantes, comme celles qui sont éteintes, font partie d'une chaîne continue... »

Cependant d'Archiac s'est élevé avec énergie contre le livre de Darwin sur l'*Origine des espèces* ; il a consacré cin-

quante pages à réfuter non pas seulement le darwinisme,
mais en même temps la doctrine de l'évolution, et il a
mis dans son attaque une vivacité qui n'était pas dans
ses habitudes. S'il m'était permis de lire dans ses pensées intimes, je dirais : D'Archiac ne croyait pas, comme
plusieurs d'entre nous, que la doctrine de l'évolution est
loin d'entraîner l'exclusion d'un Être infini qui a créé et
dirige la nature. Il a écrit ces mots : « Les tristes impressions du fatalisme règnent d'un bout à l'autre dans le
livre de Darwin. » Je pense que ce sont ces impressions
de fatalisme qui ont blessé l'âme de l'illustre savant.

D'Archiac a été nommé chevalier de la Légion d'honneur à cinquante et un ans ; quatre ans après, il était membre de l'Académie des sciences ; en 1861, il devenait professeur de paléontologie au Muséum d'histoire naturelle
et il recevait la croix d'officier.

On pense que sa mort a eu lieu le 24 ou le 25 décem-
bre 1868 ; l'étonnement qu'elle nous a causé n'a pas été
moindre que notre douleur ; une fois de plus, il a fallu
constater cette déplorable vérité que les plus fortes in-
telligences ne sont pas à l'abri d'égarements terribles.

D'Archiac devra être compté parmi les hommes qui
ont travaillé avec le plus d'ardeur et de talent à faire
connaître l'histoire du vieux monde.

III. *Édouard Lartet.*

D'Archiac a eu pour successeur Édouard Lartet. Né le 15 avril 1801, à Saint-Guiraud, dans le département du Gers, Lartet fit ses études au collège d'Auch, compléta à Paris son instruction dans la pratique du droit et revint se fixer dans son pays.

« Il s'occupa à donner aux paysans des consultations, d'autant plus appréciées qu'elles étaient gratuites et empreintes de cette bonté qui constituait le fond de son caractère. Par reconnaissance, ses clients lui apportaient souvent des médailles, des antiquités gallo-romaines, et même des ossements fossiles. »

« Le don que lui fit un paysan d'une dent de Mastodonte paraît avoir déterminé sa véritable vocation et provoqué par cela même une des découvertes les plus importantes en géologie, celle du gisement de Sansan. »

« Lartet, qui habitait à peu de distance de Simorre et qui avait découvert un gisement beaucoup plus riche à Sansan, fut surpris en reconnaissant des différences importantes entre les restes de Vertébrés de ces deux localités. La faune de Sansan offrait un grand nombre d'espèces nouvelles de Mammifères ; elle était complétée par la présence d'une couche où abondaient les Mollusques terrestres et fluviatiles. Lartet signala les couches de Sansan dans une lettre adressée à Étienne Geoffroy Saint-Hilaire, en 1834. »

« Encouragé par ses premières découvertes, il entreprit des fouilles méthodiques, qui devaient bientôt rendre célèbres et la localité de Sansan et le nom du naturaliste qui l'exploitait [1]. »

Ces fouilles révélèrent plusieurs types importants, par exemple : le *Pliopithecus*, le premier Singe fossile que l'on ait découvert en Europe ;

Le *Dryopithecus*, Singe anthropomorphe ;

L'*Amphicyon*, puissant Carnassier, intermédiaire entre le Chien et l'Ours ;

Le *Pseudœlurus*, autre Carnassier qui diminue la distance entre le Chien et le Chat ;

Le *Chalicotherium*, genre imparfaitement connu avant les découvertes de Sansan [2] ;

L'*Anchitherium*, également mal connu avant les fouilles de Lartet ; c'est sans doute quelque parent de l'Hipparion, qui, à son tour, a été l'ancêtre de nos Chevaux ;

---

[1] Les passages entre guillemets dans cette page et dans les pages 258, 259, 260 ont été empruntés à l'Éloge de Lartet qui a été prononcé par M. Fischer devant la Société géologique de France.

[2] M. Filhol, qui poursuit en ce moment à Sansan avec un grand succès les recherches commencées par Lartet, vient de découvrir que le *Chalicotherium*, regardé d'abord comme un Ongulé, n'est autre que l'Édenté appelé *Macrotherium*.

Le *Listriodon*, que sa dentition aurait pu faire classer près des Tapirs ou des *Dinotherium*, et qui pourtant a dû être un parent peu éloigné des Cochons.

Lartet a donné aussi des renseignements curieux sur la dentition des Proboscidiens, sur les migrations des animaux quaternaires, sur les cerveaux de quelques Mammifères fossiles, etc.

Il s'est intéressé à la plupart des découvertes de Mammifères fossiles qui ont été faites dans notre pays. Laurillard, Duvernoy, Serres, Henri Milne Edwards, Desnoyers, Falconer, Prestwich, aimaient à prendre ses avis. Si les maîtres désiraient avoir ses conseils, à plus forte raison devait-il en être ainsi des élèves ; pour moi, je conserverai toujours un bon souvenir de l'assistance que m'a prêtée Lartet, alors que, paléontologiste inexpérimenté, je rapportai pour la première fois de la Grèce une multitude d'ossements au milieu desquels, je l'avoue, je me trouvai assez embarrassé.

En 1859, Prestwich, Falconer, Evans, Flower et quelques autres géologues s'accordèrent à reconnaître l'exactitude des découvertes de Boucher de Perthes dans la vallée de la Somme ; l'étude de l'Homme fossile commença. Lartet devint alors un chef d'école. Il n'y a pas lieu de s'en étonner ; ce qu'on appelle l'*Homme fossile*, c'est l'Homme dont les restes sont associés avec ceux d'animaux d'espèces perdues, et par conséquent toutes les personnes qui sont à la recherche de débris des Hommes fossiles veulent savoir si les ossements d'animaux qu'ils rencontrent avec eux appartiennent à des espèces éteintes ; et, comme Lartet connaissait mieux que personne les Mammifères quaternaires, il fut la première autorité.

« Lors des découvertes de Boucher de Perthes, alors très contestées, Lartet comprit que tous les doutes disparaîtraient si l'on démontrait les traces d'une action humaine sur les os des animaux enfouis avec les silex travaillés. Il chercha donc à découvrir ces traces sur les ossements quaternaires, et il y trouva des entailles provenant évidemment de l'action d'instruments en silex. »

« La race humaine qui façonnait les silex d'Amiens occupait l'Angleterre et la France réunies ; car la séparation des deux pays a dû s'effectuer après le dépôt des bancs diluviens. Depuis cette époque, aucune grande catastrophe ne s'est produite en Europe ; les cours d'eau ont pu être plus torrentueux, mais il n'ont pas franchi les limites de leurs bassins hydrographiques actuels. Une dizaine de Mammifères, tout au plus, ont disparu par extinctions graduelles et successives, et la très grande partie de la population terrestre a traversé toutes les phases de cette longue période quaternaire. »

«, A partir de 1860, Lartet s'occupa presque exclusivement des cavernes ; et c'est à lui qu'on doit la description intéressante d'Aurignac, de la Madelaine, de

Laugerie, des Eyzies, de Bruniquel et de plusieurs autres localités célèbres. »

Son Mémoire sur la station humaine d'Aurignac restera sans doute comme une des œuvres les plus ingénieuses de notre époque; il a partagé les temps quaternaires en quatre phases : l'âge du grand Ours, l'âge du Mammouth, l'âge du Renne, l'âge de l'Aurochs. Il a fait d'autres publications sur les temps préhistoriques; notamment l'ouvrage commencé avec Christy et intitulé : *Reliquiæ aquitanicæ*. Malheureusement, il n'a pu assister à l'achèvement de son œuvre[1].

« Lartet avait soixante-huit ans lorsqu'il fut nommé professeur; il n'avait jamais fait de cours publics. Il comprit tout le poids de la tâche qui lui incombait. Il se mit à l'œuvre et prépara un certain nombre de leçons. Mais sa santé, déjà bien ébranlée, l'empêcha, à son grand regret, d'exposer ses idées sur l'ensemble des faunes tertiaires. Bientôt après, ses médecins, effrayés des désordres de sa santé, durent lui interdire tout travail intellectuel et lui conseillèrent l'air natal. Il quitta Paris dans les premiers jours d'août 1870, en proie à des pressentiments funestes. A peine arrivé dans le Gers, près de Sansan, théâtre de ses premières découvertes, son âme fut brisée par les douleurs patriotiques

---

[1] Lartet et Christy, *Reliquiæ aquitanicæ, being contributions to the archæology and palæontology of Périgord and the adjoining provinces of Southern France.* Paris, 1866-1875. 1 vol. in-4, avec 102 pl.

que tous les Français ont éprouvées au moment de l'invasion étrangère : il s'affaiblit de plus en plus et s'éteignit le 28 janvier 1871, moins de deux ans après sa nomination au Muséum, nous laissant l'exemple d'une vie honorable, désintéressée et entièrement consacrée à la science. »

En résumé, au milieu de tant d'hommes éminents qui se sont succédé dans le Muséum, d'Orbigny, d'Archiac, Lartet, forment une noble triade. Le premier, par ses recherches originales, a révélé beaucoup de formes inconnues et a puissamment contribué à prouver les changements successifs du monde organisé pendant les âges géologiques ; le second, par ses propres études ou ses vastes travaux d'érudition, a confirmé l'idée que la nature a subi de nombreuses modifications, et, en même temps, il a montré que ces modifications avaient varié suivant les divers pays. Enfin, le troisième a ajouté à la science paléontologique l'examen des origines de l'humanité. Le souvenir de ces savants maîtres restera parmi nous pour nous exciter à la recherche de ce qui est vrai et de ce qui est bien.

IV. *État actuel.*

Au moment de désigner un successeur à Lartet, on mit en doute la nécessité de conserver la chaire de paléontologie; la question fut sérieusement débattue.

Depuis le jour où cette chaire avait été créée dans le Muséum, les attributions des collections qui devaient lui revenir avaient entraîné des difficultés.

D'une part, plusieurs professeurs prétendaient, non sans raison, qu'il est difficile de séparer les animaux fossiles des animaux vivants.

D'autre part, les professeurs de paléontologie soutenaient, avec plus de raison encore, que si on ne range pas les êtres fossiles suivant l'âge où ils ont vécu, on ne peut se faire une idée de l'histoire des développements du monde organique.

Après des hésitations, la majorité des professeurs du Muséum se prononça pour le maintien de la chaire; en 1872, je fus nommé professeur de paléontologie, et j'eus le plaisir de voir mon ami, M. Fischer, devenir aide-naturaliste.

Mais il fut décidé qu'avant de nous installer, le professeur d'anatomie comparée aurait le droit de prendre dans le laboratoire de paléontologie les plus beaux Vertébrés fossiles que nous avions rassemblés depuis la fondation de la chaire ; les débris des animaux fossiles que j'avais rapportés de mes fouilles en Grèce furent du nombre.

Je ne saurais trop m'en plaindre aujourd'hui, car mon plaisir, en retrouvant ces vieux amis que j'avais passé tant de temps à tirer de la pierre et auxquels j'avais tâché de découvrir des parentés, a compensé amplement le chagrin que leur enlèvement me causa. D'ailleurs nul ne peut regretter que le professeur d'anatomie comparée, Paul Gervais, ait eu, pendant un temps, la charge des Vertébrés fossiles, car c'était un homme d'un grand talent, d'une activité extraordinaire : les montages des squelettes de l'Éléphant de Durfort et du *Megatherium* resteront comme témoignage de son habile direction.

A la mort de Paul Gervais, en 1879, l'assemblée des professeurs du Muséum proposa de réunir dans les mains du professeur de paléontologie l'administration des collections de Vertébrés fossiles. Le ministre de l'instruction publique approuva cette proposition.

Une autre mesure importante a été prise ; on nous a construit une salle provisoire pour nos collections.

La paléontologie a donc gagné bien lentement du terrain. Pendant longtemps, nos instantes demandes ont été peu écoutées.

Nous disions cependant qu'au point de vue pratique cette science est de grande importance, car la géologie

est nécessaire pour l'exploitation des mines et des carrières, le forage des puits, l'établissement des chemins de
fer, les entreprises agricoles bien raisonnées, et on admet
aujourd'hui que la paléontologie est l'auxiliaire indispensable de la géologie; c'est par les fossiles surtout, que
l'on détermine les âges relatifs des couches sédimentaires.

Nous rappelions aussi qu'au point de vue philosophique, la paléontologie a un intérêt considérable. Pauvres
créatures que nous sommes, nous ne lisons pas dans
l'avenir; mais, par la paléontologie, nous pouvons lire
dans le passé. D'où vient ce monde organique qui nous
entoure, et nous-mêmes, d'où venons-nous? Chacun
parle de transformisme, d'évolution. Ce n'est point par
des vues de l'esprit qu'on découvrira le mystère des origines et des développements de la vie; c'est par l'étude
patiente des faits. Il faut suivre d'âge en âge les êtres
dont les débris sont enfouis dans les couches du globe;
ainsi seulement saurons-nous si les espèces représentent
des entités distinctes, ou si elles nous offrent des enchaînements de types qui ont poursuivi leur évolution à travers les siècles géologiques.

Nous disions encore qu'au point de vue esthétique,
la paléontologie est digne de considération, car dans
toutes les époques, il y a eu des créatures charmantes;
si belle que soit la nature actuelle, elle n'est qu'un jour
dans l'immensité des temps, et ne nous donne qu'une idée
insuffisante de la magnificence du monde organique.

Malgré toutes ces raisons, qui nous semblaient très bonnes, la plupart des gens restaient un peu froids pour cette paléontologie, qui paraît si grande à tous ceux qui l'ont approfondie.

Mais un jour nous avons eu la pensée de faire appel au sentiment patriotique, et alors les choses ont changé. Plus les hommes sont penseurs, plus leur esprit, devenu personnel, se dirige dans des sens différents : en politique, en philosophie, en religion, nous avons des opinions diverses ; le patriotisme seul peut nous mettre tous d'accord.

Nous avons dit à ceux qui jusqu'alors ne s'intéressaient guère à la paléontologie :

Avez-vous bien réfléchi que cette paléontologie, qui a été tant repoussée, ballottée de la zoologie à la géologie, est une enfant de la France ; elle est née dans le Muséum. Cette enfant était d'abord chétive, mais elle s'est développée rapidement ; regardez-la bien, elle est devenue une grande et belle fille ; avec elle on se plaît à rêver ; ne souffrez pas qu'on l'attriste, qu'on la repousse toujours ; donnez-lui un asile.

Ce mot de patriotisme est devenu comme un cri de ralliement, et, il y a deux ans, quand on a ouvert le modeste bâtiment qui deviendra le point de départ d'un futur musée de paléontologie, les représentants de la presse nous ont tous, sans distinction d'opinion, envoyé de bonnes paroles de sympathie et d'encouragement ; je les en remercie cordialement.

V. *La nouvelle galerie de paléontologie.*

Sur la demande de M. Frémy, qui dirige avec tant de dévouement le Muséum d'histoire naturelle, on a établi dans la cour de la Baleine une galerie provisoire pour placer les grands squelettes des animaux fossiles. Malgré la simplicité du local, le rassemblement de ces spécimens du vieux monde est pour notre pays une nouveauté qui excite un vif intérêt[1].

Le premier squelette qui se présente en entrant dans la galérie de paléontologie est celui du *Megatherium Cuvieri*. Il est étrange avec ses jugaux descendants, ses dents prismatiques, ses doigts crochus, son train de derrière massif. Sir Richard Owen a émis l'opinion que cet Édenté, étant trop gigantesque pour monter dans les arbres, détachait leur racines avec ses énormes griffes, puis, que, s'appuyant sur ses membres de derrière et sa queue, il embrassait leur tronc avec ses membres de devant, et le renversait à terre pour dévorer les fruits et les feuillages. Je pense que la vue de notre squelette de *Megatherium*, très habilement monté par le Dr Sénéchal, confirme la supposition de l'illustre associé de l'Académie des sciences.

[1] Voyez le frontispice.

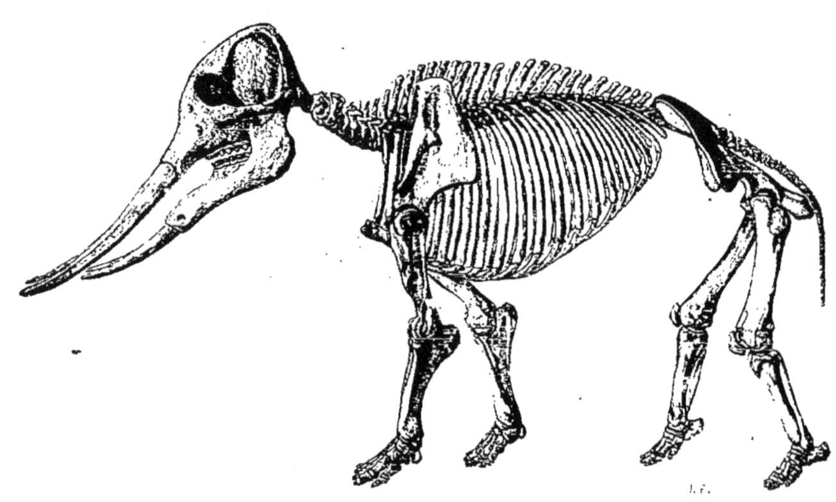

FIG. 41. — Essai de restauration du squelette du *Mastodon angustidens*, au 1/20 de grandeur.
D'après les pièces découvertes par Laurillard dans le miocène moyen de Simorre, Gers (galerie de paléontologie du Muséum

Fig. 42. — Squelette du *Glyptodon typus*, monté sans carapace, au 1/24 de grandeur.
Trouvé dans le limon des pampas de la Plata, à Alcina (galerie de paléontologie du Muséum).

Fig. 43. — Squelette du *Glyptodon typus*, recouvert de sa carapace, au 1/22 de grandeur.
Trouvé dans le limon des pampas, sur les bords du Rio Salado, Confédération argentine (galerie de paléontologie du Muséum).

Fig. 44. — L'anoplotherium original, au 1/10 de grandeur.
Découvert par M. Gaston Vasseur à Vitry-sur-Seine, dans l'étage du gypse (terrain tertiaire).
(Galerie de paléontologie du Muséum.)

Derrière le *Megatherium*, se dresse le squelette de l'*Elephas meridionalis*, découvert dans le pliocène de Durfort (Gard) par MM. Cazalis de Fondouce et Ollier de Marichard. Il surpasse les squelettes des plus grands Mammouths et des Mastodontes. Il a été trouvé en place tout entier ; ses os, très friables, risquaient de tomber en poussière, mais l'habile mouleur du Muséum, M. Stahl, les a enduits de blanc de baleine au fur et à mesure qu'on les extrayait, et ainsi on a pu les amener à Paris. Le squelette a été monté sous la direction de notre regretté confrère, Paul Gervais ; jusqu'à présent, il était dans un laboratoire de la rue de Buffon, où le public ne pouvait pas le voir.

L'*Elephas meridionalis* diffère du Mammouth non seulement par sa plus grande taille, mais aussi par son menton plus saillant, ses défenses moins courbées, ses molaires à lames plus larges, plus éloignées, couvertes d'un émail plus épais. Il est vraisemblable qu'il a vécu dans un climat chaud et qu'il n'avait pas une épaisse fourrure, comme le Mammouth des temps quaternaires.

Au fond de la galerie, derrière l'*Elephas meridionalis*, nous avons mis le squelette du *Mastodon angustidens*, (fig. 41) qui a été restauré avec les os trouvés dans le miocène moyen de Simorre (Gers) par Lartet et Laurillard. Il semble petit auprès de l'*Elephas meridionalis*. Il est moins grand que les squelettes du *Mastodon americanus* des musées américains et du British Museum; mais il est d'un vif intérêt, parce qu'il est d'une date géologique bien plus ancienne et qu'il présente le typé Mastodonte par excellence. Il diffère plus des Éléphants que le *Mastodon americanus* : sa tête et l'ensemble de son corps sont moins hauts et plus allongés proportionnément, les molaires sont plus mamelonnées, la mâchoire inférieure porte des défenses.

De chaque côté du *Megatherium*, nous avons placé des squelettes de *Glyptodon* (fig. 42 et 43) qui ont été, comme lui, trouvés par Seguin dans les pampas de la Confédération argentine.

L'un d'eux (fig. 42) est monté sans carapace, de manière à laisser voir les singulières dispositions de ses os.

L'autre (fig. 43) est recouvert de sa carapace. On croit avoir trouvé la preuve que les hommes primitifs, ne rencontrant pas dans les pampas des grottes où ils pussent se réfugier, se sont servis des carapaces des Glyptodons pour se former des abris.

D'un côté de l'Éléphant de Durfort, le squelette du *Cervus megaceros* mâle se présente avec ses bois immenses.

De l'autre côté, en face, il y a celui de sa Biche, qui est un peu moins grande et est dépourvue de bois. Ces squelettes proviennent des terrains quaternaires

d'Irlande. Il est vraisemblable que les *Cervus megaceros*
ont vécu dans l'âge interglaciaire, et qu'ils ont, comme
aujourd'hui l'Élan, habité les campagnes où la végétation forestière avait encore pris peu de développement.

A côté du *Cervus megaceros*, on remarquera deux
Tortues de terre, *Testudo Grandidieri*, que M. Grandidier a rapportées de Madagascar ; nous avons pu en
assembler les débris de manière à rétablir leur forme.
Elles surpassent de beaucoup la *Testudo elephantina*,
qui est la plus grande Tortue terrestre actuellement
vivante.

Nous avons disposé sur deux tables des restaurations
de Reptiles :

L'un de ces Reptiles est le *Pelagosaurus typus* du
lias de Curcy, qui a été reconstruit par M. Eugène Deslongchamps et que l'on a pu admirer au Champ-de-
Mars, lors de l'Exposition universelle de 1878.

L'autre est le *Crocodilus Ratelii* (Diplocynodon). Le
squelette a été monté avec des os que M. Alphonse
Milne Edwards a recueillis, lors de ses belles recherches à Saint-Gérand-le-Puy. M. Fischer a agencé ensemble, non seulement les os de l'endosquelette, mais
aussi une partie des écailles, de sorte que cette pièce
est une vraie curiosité paléontologique.

Un des plus importants échantillons de notre nouvelle galerie est un immense bloc de pierre dans lequel

le squelette presque entier d'un *Palæotherium magnum* s'est conservé (fig. 44). Ce bloc a été découvert par M. Gaston Vasseur dans un couloir souterrain d'une carrière de plâtre, à Vitry-sur-Seine ; il a été donné par

Fig. 45. — Restauration d'un *Palæotherium*, par Cuvier.
Au 1/30 environ de grandeur.

M. Fuchs, ingénieur civil, propriétaire de la carrière d'où il a été tiré.

Le squelette du *Palæotherium magnum* de Vitry offre une preuve du génie de Cuvier, car il ressemble beaucoup à la restauration du squelette que ce naturaliste a dessiné en n'ayant à sa disposition que des os isolés (fig. 45) ; à ce titre, il est particulièrement précieux pour les savants français.

Je pourrais citer encore :

Un squelette entier d'*Ursus spelæus* (fig. 46) de la grotte de l'Herm (Ariège), qui a été monté et donné par M. Filhol, directeur du musée de Toulouse;

Quatre squelettes des grands Oiseaux fossiles de la Nouvelle-Zélande;

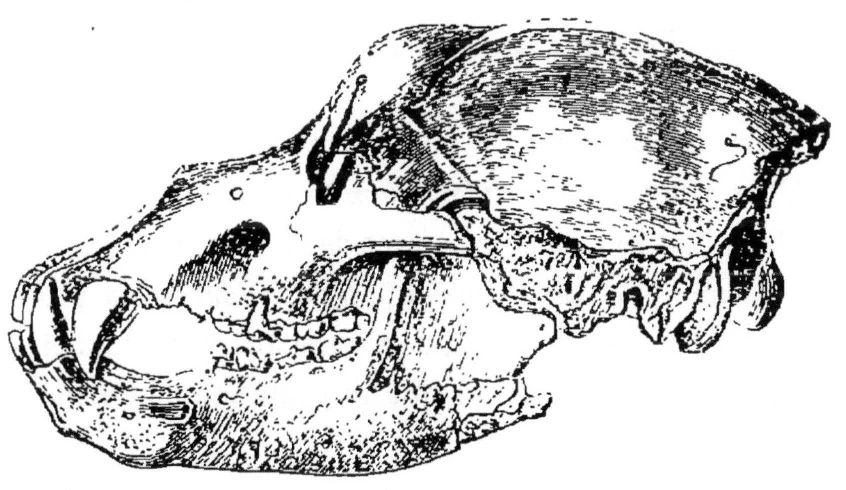

Fig. 46. — Tête de l'Ours des cavernes *(Ursus spelæus)*.
Au 1/5 de grandeur.

Un squelette d'*Ichthyosaurus*, dans le ventre duquel on voit un petit qui occupe la position habituelle chez les Vivipares, le museau près de l'anus et la queue placée en avant :

Une magnifique pièce d'un *Mystriosaurus* du lias du Wurtemberg, qui provient de la collection du baron de

Ponsort et a été donnée, en 1854, au Muséum par l'Académie des sciences ; une plaque d'Aix, en Provence, sur laquelle on peut compter près d'un millier de petits Poissons bien conservés, avec leurs yeux qui se détachent en noir.

Des os du *Dinotherium* de Pikermi, encore plus grands que ceux de l'Éléphant de Durfort ; plusieurs autres pièces de Proboscidiens, de Pachydermes, de Ruminants, etc.

Parmi les acquisitions[1] plus récentes, je citerai :

Un squelette de *Scelidotherium* (fig. 47), trouvé sur les bords du Rio de la Plata près de Buenos Aires. C'est un Édenté plus petit que le *Megatherium*, mais proportionnellement aussi trapu et aussi fort, remarquable par la largeur de ses fémurs qui lui a valu son nom générique.

Un squelette d'*Ursus spelæus* de petite race trouvé dans la grotte de Gargàs en compagnie d'une multitude de débris de Loups, d'*Hyæna crocuta* et d'*Ursus spelæus* de grande race. Il a été donné au Muséum par le savant qui l'a découvert, M. Félix Regnault.

Des squelettes entiers d'*Actinodon*, un reptile qui a vécu dans notre pays à la fin des temps primaires ; ces échantillons sont les spécimens les plus complets des

---

[1] C'est grâce a un legs du professeur Serres que plusieurs de nos plus belles pièces ont été acquises ; nous devons une grande reconnaissance a cet éminent bienfaiteur de la paléontologie

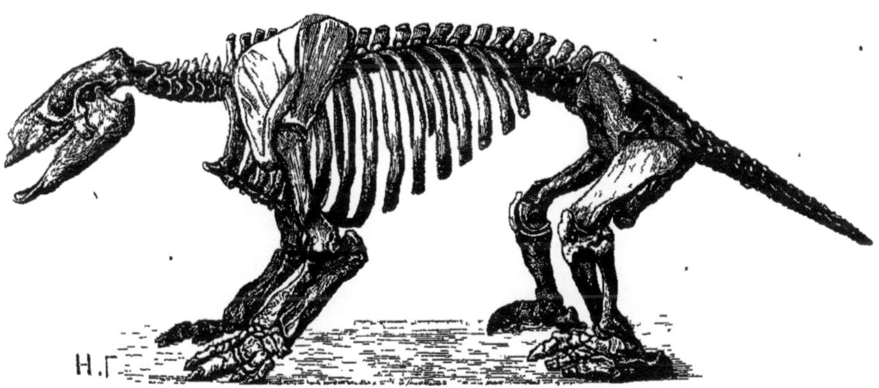

Fig. 47. — *Scelidotherium leptocephalum*, au 1/18 de grandeur.
Trouvé près de Buenos Aires, dans le limon des pampas (galerie de paleontologie du Muséum).

Quadrupèdes primaires qui aient été signalés jusqu'à présent. M. Bayle les a recueillis en exploitant les schistes bitumineux des environs d'Autun.

Un bâton de commandement, avec de belles gravures, donné par M. Paignon qui l'a retiré de la grotte

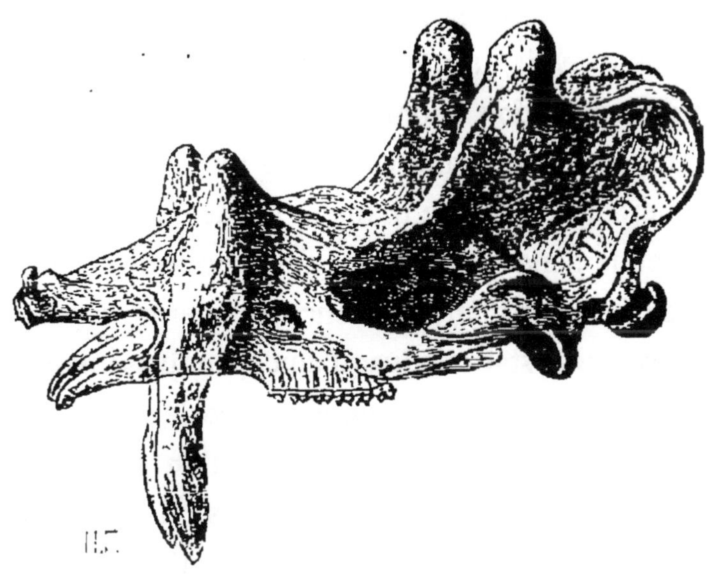

Fig. 48. — Crâne de *Dinoceras mirabile* au 1/9 de grandeur. Eocène du Wyoming (galerie de paléontologie du Muséum).

de Mongaudier où il gisait à côté d'ossements d'animaux quaternaires : Renne, Ours, Mammouth, etc.

Enfin, on ne regardera pas sans étonnement les moulages de crânes étranges et énormes du *Megalania* et du *Diprotodon* d'Australie, de l'*Elasmotherium* de Russie et des *Dinoceras* trouvés dans les Montagnes

Rocheuses par M. Marsh. La figure 48 représente une de ces têtes, munie de trois paires d'appendices cornus.

Assurément, notre nouvelle galerie est bien insuffisante. Il faut espérer qu'un jour viendra où le Jardin des plantes aura un grand musée de paléontologie. Celui qui écrit ces lignes n'est peut-être plus assez jeune pour qu'il puisse avoir une bien ferme espérance de travailler à l'installation définitive de ce musée. Qu'on me permette, en compensation de me le représenter en rêve, et de chercher de quelle manière on devrait le disposer. ·

Comme je pense que la vie s'est continuée à travers tous les âges, formant des enchaînements depuis ses premières manifestations jusqu'aux épanouissements des temps actuels, je voudrais que le musée de paléontologie eût la forme d'une longue galerie où l'on suivrait sans interruption les séries des êtres fossiles. Il faudrait que toutes ses parties fussent en pleine lumière, parce que dans chaque terrain, nous avons des fossiles curieux qui ne sont représentés que par des empreintes difficiles à voir et à comprendre.

A l'entrée de la galerie, on placerait des spécimens des terrains archéens. Si, ainsi que la plupart des géologues le croient en ce moment, les *Eozoon* doivent être retranchés du nombre des corps organisés, leur place sans doute ne restera pas longtemps vide. Les savants qui adoptent la doctrine des évolutions du monde organique doivent s'attendre à trouver des fossiles plus anciens que ceux du cambrien, car ceux-ci ne sont pas assez simples pour qu'on puisse les considérer comme représentant le commencement de la vie.

Les premières vitrines, renfermant des corps incontestablement organisés, seraient actuellement celles des temps cambriens ; on y verrait des organismes problématiques, tels qu'*Oldhamia*, quelques animaux inférieurs, des Lingules et autres Brachiopodes, des Trilobites, notamment des *Paradoxides*, qui furent les princes de ces âges reculés.

Après les fossiles cambriens, nous placerions ceux du silurien. Nous pourrions disposer une singulière série des empreintes appelées *Bilobites, Vexillum,* etc., sur lesquelles les discussions de notre éminent compatriote, M. de Saporta, avec le botaniste suédois, M. Nathorst, ont attiré l'attention des géologues. Des collections de Cœlentérés, de Crinoïdes, de Brachiopodes, de Mollusques et surtout de Céphalopodes, de Trilobites, de Mérostomes, montreraient que, dès les temps siluriens, le monde organique, bien que peu avancé encore, avait déjà une grande beauté et une curieuse diversité.

A l'époque du dévonien, on voit se développer, à côté d'Invertébrés assez voisins de ceux du silurien, les premiers Vertébrés ; ils sont sous la forme de Poissons. Il serait intéressant d'avoir une collection un peu complète de ces premiers Vertébrés, dont quelques-uns avaient certaines apparences de Crustacés. *Pterichthys, Coccosteus, Cephalaspis, Didymaspis*, etc. méritent l'attention des naturalistes qui tâchent d'étudier les débuts du type vertébré.

En laissant les vitrines du dévonien, on arriverait à celles des temps carbonifères et permiens. Ces âges ont vu le règne des cryptogames qui formaient de grands arbres ; la terre a porté des manteaux de forêts successives dont les débris ont constitué le charbon de terre. Les Invertébrés ont eu encore beaucoup de ressemblance avec ceux des époques précédentes ; cependant les Trilobites sont devenus rares. Les Poissons n'ont plus les formes étranges de plusieurs de ceux du dévonien ; on commence à pouvoir reconnaître en eux les lointains ancêtres des Poissons actuels. Un important progrès est marqué par le développement des Reptiles ; mais plusieurs de ces Reptiles sont des Vertébrés incomplets, en ce sens que l'ossification de leurs vertèbres n'est pas achevée.

En continuant à avancer dans la galerie de paléontologie, on entrerait dans le secondaire, et tout d'abord on verrait le trias : les plantes gymnospermes se multiplient ; les Invertébrés marquent de notables changements, la plupart des formes anciennes ont disparu, et des formes nouvelles apparaissent, les Ammonites commencent leur règne. Les Reptiles labyrinthodontes de l'ère primaire se continuent ; mais ils sont devenus gigantesques, l'ossification de leurs vertèbres est terminée ; les écailles de leur bouclier ventral, inutiles pour défendre ces êtres puissants, ont disparu. A côté d'eux surgissent les majestueux Dinosauriens terrestres *(Zanclodon)*, les Reptiles nageurs des mers *(Nothosaurus, Simosaurus, Placodus)*. On ne sait pas comment étaient faits les Oiseaux du trias. Quelques débris de rares et petits Mammifères *(Microlestes, Dromatherium)* ont été trouvés hors de France. Pour comprendre combien une collection du trias peut être curieuse, il faut aller voir le musée de Stuttgart.

Après le trias, vient le lias, avec ses légions de Bélemnites et de charmantes Ammonites, avec ses Pentacrines qui justifient si bien leur nom de *lis de mer*. Dans la galerie de géologie, nous avons une plaque magnifique où plusieurs Pentacrines semblent encore dans l'état de vie ; cette plaque est du lias. Les Vertébrés du lias ne sont pas moins curieux que les Invertébrés ; ils sont partout et montrent un grand progrès dans le monde organique : les Dinosauriens sont représentés par le *Scelidosaurus* ; les Reptiles volants, par le *Dimorphodon* ; les Reptiles nageurs, par les *Ichthyosaurus*, les *Plesiosau-*

rus, types spéciaux au secondaire, et en même temps par les Téléosauriens, types prophétiques qui annoncent les Gavials actuels. Dans la galerie provisoire qu'on vient de nous construire, nous avons quelques Téléosauriens et des *Ichthyosaurus,* notamment un individu avec un petit dans son ventre; mais cela n'est rien comparativement aux collections magnifiques des Reptiles du lias que possède le British Museum.

A l'âge du lias a succédé celui de l'oolithe : c'est le temps où la terre ferme s'est couverte de cycadées entre lesquelles se promènent de terribles Dinosauriens *(Megalosaurus)* et de chétifs Mammifères *(Spalacotherium, Plagiaulax,* etc.). Les Reptiles volants *(Pterodactylus, Ramphorhynchus)* se multiplient. Les Oiseaux ont en grande partie perdu leurs caractères reptiliens *(Archæopteryx).* Les mers ont beaucoup d'animation : la plupart des Poissons, à mesure qu'ils ont ossifié leur colonne vertébrale, se sont débarrassés de la cuirasse d'écailles ganoïdes qui avait protégé leurs ancêtres; leur agilité n'est plus contenue. Les Ammonites ont laissé leurs parures du lias pour en prendre d'autres non moins séduisantes; on voit les Mollusques les plus variés, des récifs de Polypiers, des entrelacements d'Apiocrinidés entre lesquels sont des Oursins dont M. Cotteau nous a montré la diversité ; enfin les Foraminifères de l'oolithe si petits et si jolis, sur lesquels les travaux de Terquem et de M. Schlumberger ont jeté tant de lumière, révèlent la beauté de la nature jusque dans ses détails. Je pense que chacun de nous éprouverait quelque plaisir devant des vitrines où il pourrait admirer les reliques de l'âge oolithique. Actuellement il faut aller visiter le musée de Munich pour s'en faire une idée.

Le néocomien (y compris l'aptien) nous montrerait un monde non moins animé que l'oolithe. Les étonnants *Iguanodon* du musée de Bruxelles proviennent de ce terrain. La France est très riche en Invertébrés néocomiens; c'est là surtout que l'on trouve les curieux *Requienia, Monopleura*, les Belemnites plates, les Ammonitidés qui commencent à se dérouler pour former *Scaphites, Crioceras, Heteroceras, Toxoceras, Hamulina, Baculina*, etc.

En remontant la série crétacée, on arriverait au gault, puis aux craies dont les fossiles sont si beaux et si répandus en France qu'il serait facile d'en former de superbes collections. Les Ammonites les plus ornées et qui avaient atteint le maximum de taille, les *Hippurites*, les *Sphærulites*, les *Radiolites* qui pullulaient, les gigantesques *Iguanodon*, les terribles *Mosasaurus*, les *Ichthyosaurus* et les plus grands *Pterodactylus* ont disparu à la fin du crétacé, et en entrant dans le tertiaire nous ne les trouverons plus. L'examen des collections paléontologiques montre que souvent les créatures qui ont eu leur plus magnifique épanouissement ont été les plus proches de leur déclin.

En continuant à parcourir notre galerie, nous atteindrions aux âges tertiaires et d'abord à celui de l'éocène. Nous aurions quelques échantillons de plantes pour annoncer que l'éocène a vu le règne des phanérogames apétalés. On constaterait que les Invertébrés éocènes appartiennent pour la plupart aux mêmes genres que ceux de notre époque. Il faudrait avoir des tables assez spacieuses pour exposer les charmantes coquilles du bassin parisien, afin de permettre aux nombreux géologues qui font des courses dans nos environs de pouvoir déterminer leurs fossiles. Nous placerions à côté notre plaque de *Palæotherium* de Vitry et bien d'autres Vertébrés, notamment ceux du gypse de Montmartre, que le génie de Cuvier a rendus célèbres.

La partie de notre galerie consacrée au miocène serait la plus importante, car l'époque miocène a vu l'apogée du monde organique : c'est le temps où commence le règne des fleurs ; les fleurs attirent les Insectes qui, à leur tour, attirent les Oiseaux. Les Mastodontes et les *Dinotherium* apparaissent. A côté des Proboscidiens, il y a des Édentés comme l'*Ancylotherium*, des Ruminants comme l'*Helladotherium*, des Carnivores comme le *Machai-*

rodus. Le Singe anthropomorphe appelé *Dryopithecus* marque un perfectionnement inconnu dans les âges antérieurs. En même temps, le développement des grands troupeaux des *Hipparion*, précurseurs de nos Chevaux et ceux des Antilopes, donnent au monde une animation qui contribue à sa beauté. Le rassemblement des débris de tous ces êtres du miocène, dont nous possédons déjà de riches collections, donnerait une idée de la puissance de la nature que l'époque actuelle ne peut offrir.

En laissant les vitrines du miocène pour arriver au pliocène, nous constaterions une diminution dans le monde animal ; pourtant le temps pliocène a encore sa grandeur, car c'est de ce temps que date notre Éléphant de Durfort (*Elephas meridionalis*).

De l'ère tertiaire, nous passerions aux âges quaternaires, si intéressants pour l'étude des développements de l'humanité ; nous verrions :

L'âge du Mammouth où l'Homme, armé de silex taillés et non encore polis, a lutté contre des bêtes terribles ;

L'âge du Renne où l'Homme victorieux a commencé à être artiste, s'exerçant à sculpter les bois des Rennes ;

Enfin, l'âge des cités lacustres, où l'Homme, devenu laboureur, a cultivé le premier blé, la première orge, le premier lin. Il nous serait aisé de mettre de nombreux spécimens de ces différents âges.

J'aimerais que, pour terminer notre galerie, on plaçât une statue représentant une figure humaine, figure douce et bonne, figure d'artiste et de poète, admirant dans le passé la grande œuvre de la Création et réfléchissant à ce qui pourrait rendre le monde encore meilleur.

Je termine mon rêve de l'arrangement d'un Musée de paléontologie. Je ne sais quel jour ce rêve deviendra une réalité. Mais ce que je sais bien, c'est que ce jour-là nos esprits auront de sublimes jouissances; ce ne sont pas seulement les naturalistes qui seront satisfaits, ce seront aussi, je pense, les artistes et les philosophes.

FIN

LYON. — IMPRIMERIE PITRAT AÎNÉ, 4, RUE GENTIL.

LIBRAIRIE J.-B. BAILLIÈRE et FILS

19, Rue Hautefeuille, près du Boulevard Saint-Germain, Paris.

BIBLIOTHÈQUE SCIENTIFIQUE CONTEMPORAINE

A 3 FR. 50 LE VOLUME

Nouvelle collection de volumes in-16, comprenant 300 à 400 pages,
imprimés en caractères elzéviriens et illustrés de figures intercalées dans le texte.

22 volumes sont publiés.

La *Bibliothèque scientifique contemporaine*, d'un format commode et
d'un prix modique, s'adresse à tous ceux qui, désireux de ne pas rester
étrangers au mouvement scientifique de leur époque, n'ont ni le temps ni
la facilité de recourir aux sources.

Les questions d'actualité sont présentées avec des développements en
rapport avec leur importance, et débarrassées des formules techniques;
les nouvelles découvertes et les nouvelles applications de la science sont
exposées à mesure qu'elles se produisent; les recherches originales sont
vulgarisées par leurs auteurs.

Ménager le temps du lecteur, et lui présenter ce qu'il a besoin de connaître sous une forme condensée et attrayante, tel est le but que se pro-
posent les auteurs qui ont promis leur concours à cette œuvre de vulgarisation.

Aucune traduction n'est admise à prendre place dans la collection : il
n'est publié que des livres originaux, par des auteurs écrivant en langue
française.

Parmi les plus illustres représentants de la science, qui concourent à
la rédaction de la *Bibliothèque scientifique contemporaine*, nous citerons :
MM. de Quatrefages et Albert Gaudry, de l'Institut et du Muséum;
M. Fouqué, de l'Institut et du Collège de France; MM. Duclaux et Velain,
de la Faculté des sciences; Claude Bernard, de l'Institut; M. Ed. Perrier, du
Muséum; MM. Brouardel et Gabriel Pouchet, de la Faculté de médecine;
MM. Bouant et Maurice Girard, de l'Enseignement secondaire; M. Foville,
inspecteur des établissements de bienfaisance; M. de Baye, de la Société
des Antiquaires de France; MM. Bouchéron et Knab, de l'École centrale, etc.

Paris n'est pas seul à fournir à la *Bibliothèque* ses collaborateurs. Au
nombre des savants qui lui prêtent le concours de leur talent, nous ci-

lerons : MM. Beaunis, A. Charpentier, Bleicher, Léon Garnier, Schmitt et Vuillemin, de la Faculté de Nancy ; M. Azam, de la Faculté de Bordeaux ; MM. Cazeneuve, Debierre et Max Simon, de la Faculté de Lyon ; M. Moniez, de la Faculté de Lille ; M. Imbert, de la Faculté de Montpellier ; M. Girod, de la Faculté de Clermont-Ferrand ; MM. Bourru et Burot, de l'École de Rochefort ; M. Lefèvre, de l'École de Nantes ; MM. Marion et Heckel, de la Faculté de Marseille ; M. de Saporta, correspondant de l'Institut, à Aix ; M. de Folin, à Biarritz ; M. Cullerre, à la Roche-sur-Yon ; M. Ferry de la Bellonnes, à Arles, etc.

En Belgique et en Suisse, M. Léon Frédéricq, de l'Université de Liège ; M. Dollo, aide-naturaliste au Muséum de Bruxelles ; M. Herzen, de l'Académie de Lausanne.

Dans le cadre de cette *Bibliothèque* sont comprises toutes les sciences physiques, chimiques, naturelles et médicales.

Parmi les sujets traités, nous signalerons :

En astronomie et en météorologie : *la Prévision du temps, les Merveilles du ciel.*

En physique : *le Microscope, les Anomalies de la vision.*

En chimie : *le Lait, la Coloration des vins, les Ferments et les fermentations, l'Eau.*

En applications industrielles des sciences : *les Bières françaises, la Photographie, la Galvanoplastie et l'Electro-métallurgie, la Navigation aérienne.*

En minéralogie, en géologie, en paléontologie : *les Ancêtres de nos animaux, les Tremblements de terre, les Vosges, les Minéraux utiles, les Volcans, les Glaciers.*

En anthropologie : *les Pygmées, l'Homme avant l'histoire, la France préhistorique, l'Archéologie préhistorique.*

En zoologie : *le Transformisme, Sous les mers, la Lutte pour l'existence chez les animaux marins, les Parasites, les Abeilles, les Laboratoires de zoologie marine.*

En botanique : *la Vie des plantes, la Truffe, l'Origine des arbres cultivés, les Plantes fossiles.*

En physiologie : *Magnétisme et hypnotisme, le Somnambulisme provoqué, Double conscience et altérations de la personnalité, le Cerveau et l'Activité cérébrale, la Suggestion mentale, la Lumière et les couleurs.*

En hygiène et en médecine : *Microbes et maladies, le Secret médical, les Frontières de la folie, Nervosisme et névroses, les Maladies de l'esprit, les Nouvelles institutions de bienfaisance, le Monde des rêves.*

OPINION DE LA PRESSE

Quand les savants qui ont travaillé à faire avancer la science veulent bien travailler aussi à la répandre, ils se montrent généralement des vulgarisateurs hors ligne, par cette raison que pour vulgariser il faut connaître à fond, et qu'on ne connaît bien les difficultés d'un sujet que lorsqu'on s'est efforcé de les résoudre. Les personnes qui s'intéressent aux progrès de la science, comme les savants de profession, auront donc plaisir et profit à la lecture des volumes de la *Bibliothèque scientifique contemporaine :* les premières y trouveront de la science sérieuse sous une forme lucide et élégante qui fait de ces livres non seulement des œuvres de vulgarisation, mais encore et plutôt des œuvres d'initiation à des méthodes et à des recherches dont ils développent le goût et la curiosité ; et les savants aussi aimeront à revoir, avec l'expression même que leur a donnée leur auteur, les théories qui leur sont familières, et à retrouver, à côté des faits acquis de la science fixée, toutes les prévisions de la science pressentie que l'avenir devra plus tard justifier.

Revue scientifique.

La *Bibliothèque scientifique contemporaine* promet une série de livres utiles et pratiques, qui nous permettent de lui pronostiquer un succès complet et mérité. *Revue des deux mondes.*

Les sciences ont fait de rapides progrès. Les savants n'ont pas besoin qu'on leur décrive ce mouvement, qui est leur œuvre ; mais les gens du monde, les personnes à l'esprit cultivé ne sauraient le contempler avec indifférence. C'est dans le but de mettre à leur portée les dernières acquisitions de la science que la librairie J.-B. Baillère et fils a fondé la *Bibliothèque scientifique contemporaine :* en quelques pages d'une lecture facile, les hommes spéciaux y exposent les questions nouvelles, à la solution desquelles ils ont contribué. *Journal de Genève.*

Les gens du monde sont gens heureux, chacun s'empresse à leur faciliter l'accès des sciences qui resteraient lettre close pour eux, si toujours ne se rencontraient écrivains et éditeurs, désireux de récolter leurs suffrages. La *Bibliothèque scientifique contemporaine* est la preuve de ce fait. Nous suivons avec intérêt son développement, car nous sommes de ceux qui pensent que la science ne perd pas à être vulgarisée, et que, lorsque ses admirateurs seront plus nombreux, la haute culture à laquelle chaque nation doit tendre n'en sera que plus certaine. *Moniteur scientifique.*

Le succès de la *Bibliothèque scientifique contemporaine* est assuré, autant par la valeur des œuvres qu'elle publie que par son bon marché et son élégance. *La Science en famille.*

LES ANCÊTRES DE NOS ANIMAUX

DANS LES TEMPS GÉOLOGIQUES

Par Albert GAUDRY
Professeur au Muséum d'histoire naturelle, membre de l'Institut.

1 vol. in-16 de 320 pages, avec 49 figures............ 3 fr. 50

M. Albert Gaudry, après avoir exposé, dans de savantes monographies, les résultats de ses belles recherches sur les animaux fossiles découverts par lui à Pikermi et à Mont-Leberon, a eu l'heureuse pensée de présenter, sous une forme moins technique et plus attrayante, ses idées si originales et si élevées sur les enchaînements du monde animal ; il nous fait assister au spectacle de la nature pendant les âges géologiques ; il nous montre les grands mammifères éteints qui peuplaient les paysages primitifs, et qui, transformés par une lente évolution, sont devenus nos commensaux et nos serviteurs.

L'HOMME AVANT L'HISTOIRE

Par Charles DEBIERRE
Professeur agrégé à la Faculté de médecine de Lyon.

1 vol. in-16 de 304 pages, avec 84 figures .... 3 fr. 50